张笑恒◎编著

不伸手
不计较
不抱怨

全国优秀
畅销书

BUSHENSHOU
BUJIJIAO
BUBAOYUAN

本土最佳培训教材
员工素质教育最佳读本

北京理工大学出版社
BEIJING INSTITUTE OF TECHNOLOGY PRESS

图书在版编目（CIP）数据

不伸手不计较不抱怨/张笑恒编著. —北京：北京理工大学
出版社，2011.1

ISBN 978 - 7 - 5640 - 3815 - 1

Ⅰ．①不… Ⅱ．①张… Ⅲ．①人生哲学 - 通俗读物
Ⅳ．①B821 - 49

中国版本图书馆 CIP 数据核字（2010）第 181577 号

出版发行／北京理工大学出版社

社　　址／北京市海淀区中关村南大街 5 号

邮　　编／100081

电　　话／(010)68914775(办公室) 68944990(批销中心) 68911084(读者服务部)

网　　址／http：//www.bitpress.com.cn

经　　销／全国各地新华书店

印　　刷／北京柯蓝博泰印务有限公司

开　　本／710 毫米×1010 毫米　1/16

印　　张／14

字　　数／200 千字

版　　次／2011 年 1 月第 1 版　　2011 年 1 月第 1 次印刷　　责任校对／张沁萍

定　　价／28.00 元　　　　　　　　　　　　　　　　　　　　责任印制／母长新

图书出现印装质量问题，本社负责调换

前　言

　　人在职场，到底应该如何追求幸福的生活，同时实现自身的人生价值呢？

　　俗话说："常在河边走，怎能不湿鞋？"每一个在职场打拼的人，都不可能事事如意。于是，有的人为抓不住利益、攀不上高枝而闷闷不乐；也有的人为工作不称心、薪水不平等而斤斤计较；还有的人对公司不满意、对工作不上心、对老板不忠诚、对同事不宽容，整天满脸愁云、满腹牢骚，殊不知自己已经在不知不觉中触犯了职场的 N 条大忌。

　　试问自己：面对荣誉、利益、权位，你能否管住自己的手？面对个人得失、工资待遇、辛劳付出，你能否管住自己的心？面对公司的制度、工作的性质、老板的脾气、同事的风格，你能否管住自己的嘴？不伸手、不计较、不抱怨，这就是职场取胜的秘籍。

　　当今社会竞争激烈、压力丛生，有太多的人取得了成就、拥有了财富、实现了理想……却仍然不清楚"快乐"为何物。莫名的焦躁和惶恐常常不定时地涌入身体，疯狂地吞噬着你少得可怜的勇气和折磨着你脆弱的心灵，于是，你忍不住开始跟身边的人计较，跟身边的事计较，甚至跟不正常的气候计较……不仅毁掉了自己成功的机会，也给别人的生活带去了不好的影响。

　　你会抱怨自己的工作没意思，抱怨公司的管理制度不合理，抱怨职位低、薪水少、没前途，抱怨生不逢时、运气不好，抱怨自己怀才不遇、老板眼神不好等。总之，在你眼中"不得不抱怨"的事情实在太多了。其实，偶尔计较、偶尔抱怨也没什么大不了，但是一味地怨天尤人可就说不过去了。

　　要知道，抱怨就像是一种慢性毒药，经常抱怨的人会渐渐变得消极、不思进取，不仅会影响自己和周围朋友的心情，也会阻碍自己事业的发展。

　　"计较"和"抱怨"是一对形影不离的兄弟，如同职场中的"杀手"一般，让很多人丧失了前进的动力和主宰命运的能力。可怕的是，到了这个地步，还有人会轻描淡写地说："只不过抱怨了两句，有那么严重吗？"

的确有！当"计较"和"抱怨"联手，中招之人便会陷入悲哀的恶性循环。越是抱怨自己"不幸"，就越是无法拥有幸福；越是计较职场"不公平"，就越是不能找到好工作。结果只会给自己惹来更多的麻烦，让自己越来越没有信心，甚至自暴自弃，变得小肚鸡肠，完全见不得别人过得比自己好。

不知你有没有仔细分析过自己总失败不顺的原因究竟是什么？会不会正是由于你在处理工作上的诸多问题时，用错了方法，以至于亲手导演了自己与成功擦肩而过的悲剧？

换句话说，抱怨正是失败的因，失败正是抱怨的果。如果你因为控制不了自己的思想和心态而斤斤计较，或是抱怨不止，那么这些恶习必然会缠住你前进的脚步、封堵你职业生涯的道路，接下来的日子不仅越走越窄，还会寸步难行。

回忆一下你心中的偶像，想想那些被鲜花和掌声宠坏了的职场幸运星，难道他们真的有三头六臂？真的有仙人指路？真的从来没有遇到过挫折，没有尝试过抱怨吗？

事实上，每个人都曾经站在同一条起跑线上。取得成功的人与我们并没有什么不同，只是由于心中有着比"普通人"更执着的理想，所以他们的成功往往也需要经历更长久的长途跋涉，承受更多的痛苦与磨难。

下面，不妨让我们来做个简单测试，看看此时此刻的你是否沉浸在严重的抱怨情绪中。题目如下：

假如你刚刚买了几条金鱼，放在家里便又出去了。不一会儿你回来，发现金鱼已经被家里养的猫吃掉了。那么，你觉得责任在谁？假如要惩罚，应该惩罚谁呢？

相信不少人都会认为责任在猫，毕竟是它吃掉了金鱼，不惩罚它还能惩罚谁呢？如果你的第一直觉是"怪猫"，那么说明在你的潜意识里的确存在一种抱怨的情绪。众所周知，猫吃鱼只不过是它的天性，而身为主人，明明知道这一点，却还是让惨剧发生了，说明主人本身并没有加强防范意识。所以，在这件事情当中，猫没有控制住自己，固然有责任，但需要承担主要责任的却是身为主人的你。

成功的人是不会允许自己将时间浪费在计较和抱怨上的，因为他们清楚，那样做只会白白消耗能量，根本不会使结果有任何有益的改变。与其费心费力在没有意义的事情上，倒不如把眼前的事情做好，把手头的工作完成，踏踏实实地继续向前走。哪怕环境再恶劣，哪怕工作再辛苦，我们也要无怨无悔地走下去。

那么就请翻开这本书，让我们一起来了解职场中升职加薪的秘诀，探索职场中那些"不败"的传奇，揭开职场中一个个不为人知的真相……让我们在功劳、名利、位子面前保持一份坦然和淡然；让我们相信对得失、辛苦、薪水少计较一点，才能得到更多；也让我们用积极的行动代替对公司、同事、加班等的抱怨。

只有真正做到不伸手、不计较、不抱怨，我们通往成功的道路才会越走越明亮，越走越宽广。

目　录

第一部分　功劳不伸手

第二部分　苦劳不计较

第三部分　疲劳不抱怨

第一部分　功劳不伸手

第一章　把荣耀的桂冠让给别人——功劳不伸手

1. 责任抢着担，功劳大家分

　　众所周知，"承担责任"往往与"接受惩罚"挂钩，以至于很多人在责任面前都会显得恐惧，第一时间想到的就是逃避。而功劳就不同了，谁不想把好菜往自己碗里拣呢？正因为如此，"责任感"对于一个人才显得尤为重要，恐怕没有哪个老板会雇佣"只享功劳不担责任"的部下，也没有哪个职员会喜欢与这样的人共事。

　　在任何一个团队中，每个成员的位置都是独一无二的，手头的工作都是极为重要的。我们必须懂得尊重他人的劳动，万万不可轻率地认为：只有自己的工作才是决定整体成败的唯一因素，而他人所付出的努力往往都是无关痛痒、不值一提的小事；待取得成绩之后，更是"独领风骚"，不肯与大家一同分享荣耀。这样一来，等待你的必定会是"众叛亲离"，倘若你独享荣耀的事情传到领导耳朵里，难免他也会对你的人品产生质疑，认为你在待人接物方面还不够成熟，有待磨练，仍然无法担当重任。

　　所以，无论到了什么时候，也无论在什么企业工作，"抢担责任不争功"都是我们在集体中立足的必备技能。如果一味地贪图成功，将全部功劳都归于自己，就会失去其他人的支持，而一个人若是在集体中没有了群众基础，也就等于丧失了最根本的竞争力，"失败"只是时间问题。

王健是某旅行社的法人代表兼总经理，这一年，恰逢北京承办奥运会，在年初的展望会上，负责接待的部门经理曲毅提议："奥运会举办期间恰逢暑期，两个高潮叠在一起必然会使北京的旅游业井喷。届时各大宾馆酒店都会人满为患，价格也会水涨船高。想要抓住这个赚钱的机会，就应该提早准备。"王健表示赞成，同时问他有没有具体计划。

"除了设计一些新颖的、跟奥运挂钩的线路，我们还要包下一些酒店的房间，这样等到旺季才不会抓瞎。"曲毅说，"根据以往的经验，旺季拼的就是资源，手里有房才能接客人，手里没房就只能眼巴巴地看着别人赚钱。"

与会者纷纷点头，但是，承包酒店房间需要一笔不小的资金，王健有些担心："想法是不错，只是从来没经历过奥运会。今年年初已经这么不太平，到八月是什么情况还很难预料。一下子投入上百万的资金，要是收不回来，怎么办？"

曲毅想了一下："正因为现在一切都是未知，酒店的价格才会这么低。要是等到大局已定，全市上千家旅行社都去抢房，价格一定会高得离谱。那时再想找房，恐怕出一千万都没有空的。投资本来讲究的就是眼光，有远见的人才能赚钱，不是吗？"

最终，王健采纳了曲毅的建议，但却让曲毅签了一份责任认定书，大致内容可想而知，就是一旦出现问题，他要与公司共同承担损失。要知道，曲毅的薪水跟百万还差着十万八千里呢，如今却要代替总经理做这么大的决策，连他自己都觉得好笑。不过，他还是相信自己的判断，决定拼一拼。

让所有人想不到的是，在奥运期间，由于曲毅的先发制人，仅他们一个部门两个月的盈利就已经超过了去年全社的利润。然而，到了年终的总结表彰会上，当着上级单位领导的面，王健却把功劳全部揽到了自己头上，曾经让曲毅签署的那份责任认定书，也不知何时改成了"王健"的名字。

"趋利避害"是人的本能，当"承担责任"意味着自己必须为所有麻烦和损失买单的时候，很多人便会选择逃避；如果相关责任人较多，还会发生"踢皮球"的现象，从而形成"责任空白"。当曲毅为自己签下的"军令状"寝食难安时，王健在干什么？他在吃喝玩乐，大睡特睡。当曲毅为创造利润四处奔走时，王健在干什么？他在阿谀奉承，拍尽上级领导的马屁。当曲毅带领团队取得成功时，王健又在干什么？他竟然恬不知耻地跳出来，在所有的功劳上面都印上了自己的名字。"遇责任就躲，见荣誉就抢"，这样的人怎么可能成就一番辉煌的事业？

我们经常可以在电视上看到各种颁奖晚会，获奖的艺人往往都会在接过奖杯的同时发表一连串的"感谢"，这绝不是作秀，而是一种对共事者、帮扶者起码的礼貌与尊重，也是一种为人处世的谦逊态度。或许你会说："明明这个奖就是靠我自己的天生丽质得来的，关别人什么事？"先不说这种想法有多么幼稚和肤浅，至少说这话的人永远也不会有机会站在领奖台上。很多工作的顺利完成，往往是一个团体共同奋斗的结果，功劳又怎么可能仅仅属于一个人呢？如果你能够在获得荣誉之后向大家表示感谢，与曾经一起共事的伙伴分享自己头上的光环，不仅对你毫无影响，反而会突显你的成绩，这些在不知不觉中形成的人格魅力对你日后的工作也会非常有利。

就是这样一个再简单不过的道理，却有那么多人始终搞不明白。他们完全被功劳冲昏了头脑，蒙蔽了双眼，那双贪婪的手一看到功劳就情不自禁地伸了出去，随后紧紧地攥着不肯放，甚至连起码的"感谢"都不说，浑然忘记了别人曾给予过的帮助和支持。

相信只有"责任抢着担，功劳大家分"的集体，才能在竞争中立于不败之地，而那些"拥抱荣誉，推卸责任"的团队，则永远也摆脱不了失败的命运。

2. 罗马不是一个人建成的，功劳是大家的

职场上，人人都希望能将自己与"荣耀和成功"紧密地联系到一起。然而，在我们享受荣耀的同时，绝对不可以忽略他人的感受。这是因为，一个将荣耀全部归功于自己、无视他人存在的人，根本无法立足职场，成功就更是遥不可及。

在美国，有个专门生产家庭日用品的公司，近几年来发展十分迅

速，利润更是以每年 10% 到 15% 的速度增长。媒体记者就此事专门采访了这家公司的老总，揭开了他们成功的秘诀。

几年前，这家公司建立了"利润分享制度"，将每年所赚的利润，按规定的比例分配给每一位员工。也就是说，从上到下的每一位员工都是"股东"，公司赚得越多，员工分得就越多。在这里工作的人自然明白"水涨船高"的道理，都把工作当成了自己的事业，人人奋勇，个个争先，不仅积极生产，还起到了监督检查的作用，随时随地对生产中出现的问题与毛病加以改进，以达到更高效、更高产的目的。

事实证明，"劳有所获"是刺激积极性的最好方法，也是你获得别人好感的简单途径。因此，在职场中，要懂得与身边的人合作，有福同享，有难同当。就算你已经晋升为某企业的高管甚至总裁，也不能忽视这一法则。哪怕你的个人能力再强，也离不开上司的提携，同事的帮助，下属的支持，功劳当然不能归你一个人独有，否则其他人便会觉得是你抢夺了他们的功劳。一个团队的成功，必定源于每位成员的坚持不懈，努力付出。

当你将功劳的勋章别在自己胸前，并为之沾沾自喜的时候，无意中发现上司、同事或者下属的脸上却挂着不悦的表情，此时，不要感叹他们的度量如何如何狭小。要知道，造成这种局面的罪魁祸首往往就是你自己。

劳尔是一家出版社的编辑，同时还担任该社下属一本杂志的主编。他精力充沛、才华横溢，工作之余还经常写点东西，平时在社里也是左右逢源，与上下级的关系都不错。

一次，由劳尔主编的杂志在国际大赛的评选中获了奖。突如其来的荣誉让他感到无比兴奋，逢人便向人家讲述自己私下的勤奋与努力，身边一起战斗的同事们当然也纷纷向他表示祝贺。

然而，一个月之后，劳尔的脸上再也找不到往日的笑容了，因为他发现单位里曾经一起奋战、一起熬通宵的同事们都在有意无意地疏远自己，而原本对自己十分器重的上司，如今也总是刻意回避自己，并时不时地给自己出些难题。

后来，经过一位退休干部的指点，劳尔才意识到自己犯了"独享荣耀"的错误，这正是职场中的大忌。他开始反省："杂志能获奖，我身为主编，贡献当然不小，但是这并不代表我可以凭借自己的力量完成所有工作，其他同仁的努力也都是成功的关键。现在自己独吞了全部荣耀，人家的心里当然会不舒服。"想到这里，劳尔认为所有人都应该有资格分享这份成功的喜悦。于是，他主动找上级承认了自己的过错，并向全体同事道了歉。这一举动得到了公司所有人的认可，大家都觉得这个"英雄"的称号非劳尔莫属。

当你由于自己出色的表现而受到嘉奖或赢得肯定时，一定不能独占功劳。否则，头顶上那原本象征荣耀的光环，就会变作观音菩萨的"金箍咒"，给你的职场生涯增添无数的烦恼。当然，如果在取得成绩后，你能够懂得真诚地与他人分享荣耀，谦虚地向那些曾经给予你帮助的人表示感谢，那么情况就会完全不同了。

职场中，最圆滑的处世之道莫过于同他人分享你的成就，时刻提醒自己不能过于"清高"。要从心里重视团队合作，拥有"众人抬柴火焰高"的意识。这样一来，你所获得的荣耀才能够发挥作用，在事业上助你一臂之力的同时，更好地维护你的人际关系。

3. 为了前程，功劳面前上司优先

美味可口的食物大家都爱吃，越是好的东西越是舍不得与别人分享，这似乎是人与生俱来的本性。好比过年全家人围在一起吃年夜饭，只要一有好菜上桌，马上就会有小手伸出来将那盘菜端到自己面前，独自享用。小孩子吃饭才不管什么礼节不礼节，自己喜欢才是最重要的。

然而，在职场中，荣誉的桂冠和丰厚的利益就像餐桌上的美味佳肴，只是如今的你已经不再是曾经那个抢菜的小孩子了。想在职场上立稳脚跟，就必须懂得"忍耐"和"分享"。好吃的"菜"，理应请上级先"吃"。即使自己早已垂涎三尺，也要把口水咽到肚子里，然后对上级说："请您先吃！"

当然，这里指的并不是吃的东西，而是工作上的功劳和荣誉。某项工作顺利完成，你要有意识地、自觉主动地把功劳推给自己的上司，听起来似乎不合乎逻辑，或许你会说："我立下的汗马功劳，为何拱手让人？"

　　不错，大家都不愿意让出自己的功劳。但如果你对自己的工作能力十分自信，同时也清楚自己为公司做出了很大的贡献，那么就不必太在乎荣誉。将功劳算在上司头上，不仅会得到他的欣赏，还会令他十分有面子，而最有利的一点就是：其实你完全没有损失，因为群众的眼睛是雪亮的，功劳到底属于谁，大多数人心中自然有数。

　　托尼是一个家具销售员。这天，他做成了一笔很漂亮的买卖，以8000多美元的价格卖出了一件进价只要4500美元的货品。就在他和客户走向销售台，准备最后确认一下合同时，经理出现了。只见他脸上挂着微笑，走向顾客，问道："您好，请问您对我们的服务还满意吗？"随即，他发现客人已经做出了购买的决定，立刻说："真是明智的选择！您一定会很喜欢我们的家具的。"然后。就转身继续做自己的事情去了。

　　等那位客人离开之后，经理走向托尼，祝贺他圆满完成了一笔交易。"您应该恭贺您自己！"托尼对上司说，"要不是您最后说的那些话起了推动作用，这笔买卖还不算敲定了呢！"经理很满意，离开时仍然满脸笑意，心想："是啊，我可真了不起！难道不是吗？哈哈！"

　　我们让出去的只有一次功劳，正如托尼，也不过是将一笔买卖的成功算到了上司头上，而能力还是属于我们自己，是任何人都抢不走的。如果我们有能力去完成一项任务，那么就还有能力完成下一项……这样想，我们立功的机会还有很多，又何必为眼前这一次两次的功劳跟上司较劲呢？

　　也许你会说，有些上司根本就是"无才之人"，不过是凭借关系或者后门才混到那个位置的。但不管怎么说，人家眼下的的确确是你的上司，况且，对于那些水平不高的上司来说，面子更是尤为重要，所以你绝不能忘乎所以地只顾着表现自己，全然忘记上司的存在，那样的话，你不过得到一时的痛快，却失去了长远的机会。

　　有效地克制住自己的情绪，将功劳让给上级，对我们来说有百利而无一害。只要能得到下一次机会，就有可能获得更了不起的荣誉。

　　安妮是一家公司的财务会计，为一个新引进的经济项目方案，已经足足忙碌了两个星期。在预览了方案初稿后，总裁表扬道："很出色，干得很好！"

　　谁知安妮却谦虚地说："请别注意我！我所做的不过是最基础、最简单的工作。"边说，边扭头看着她的主管："我要感谢约翰的指点，是他让这一切更加完美了。"不用说，后来，安妮成了约翰最宠信的员工，最得力的助手。

如果在一家企业中，大多数人都把着功劳不撒手，而此时，你却"挺身而出"，大大方方地将自己的功劳让给上司，一定会让他又惊又喜。等到上司了解了事实的真相，当然会对你心存感激，往后的好处也就会滔滔不绝地涌向你了。

职场中，每一个聪明的员工都应该懂得，如何在适当的时候，选择适当的方法，将自己的功劳归于上司，把表现的机会留给上司。虽然这样做可能委屈了自己，还会让其他同事误认为自己是在溜须拍马。但身为一名普通职员，必须学会让自己的上司随时随地光彩夺目，而相比之下，自己就要黯淡许多。这便是我们常说的"韬光养晦"，倘若不出此"下策"，上司又怎么会容得下一个光芒超越自己的人在身边呢？

4. 别企图霸占同事的劳动成果

从小我们受到的教育中就强调："劳动是伟大的，是光荣的，没有劳动就谈不上生活，没有劳动就没有这个丰富多彩的世界。"然而，劳动也是辛苦的，需要花费时间、倾注心血、挥洒汗水，甚至有时还会献出生命。因此，我们没有理由不尊重别人的劳动成果，更不能企图霸占别人通过努力取得的成就。

随着职场的竞争日趋激烈，越来越多的人萌生了"将别人的功劳据为己有"的邪恶念头。事实上，此时更需要我们克制住自己对功劳的欲望，保持头脑清醒。一个有能力、明白是非曲直、懂得人情世故的人，绝不会将手伸向不属于自己的东西。

在日常工作中，我们应该学会尊重身边的同事的劳动成果。这样不仅可以赢得对方的信赖，还有可能得到领导的赏识，岂不是两全其美？

艾达和温蒂在同一家公司上班，私下相处得就像一对姐妹。年终，公司决定举行一场"推广策划方案"的评比，所有员工都可以参加，优胜者还能得到奖金和礼品。艾达觉得这是一个展示自己才华的好机会，于是，她很用心地开始了深入的调查研究，加上平时工作中对市场

第
一
部
分

功
劳
不
伸
手

的整体把握，很快就完成了一个非常有想法的策划方案。

就在公司方案征集截止的最后一天，温蒂叹着气找到了艾达，说："我真有点紧张，心里没底，能不能请你给我的方案提提意见？"边说边递上了自己的策划方案。艾达没过脑子就答应了，大致看了一下，那方案做得很一般，没什么创意，但她也不好意思说什么。这时，只见温蒂用试探的目光打量着艾达："亲爱的，也让我拜读一下你的作品，行吗？"艾达的心头闪过一丝不安，甚至有些后悔。她在心里暗暗琢磨着：好在明天就要评比，就算是她要改，应该也来不及了。

谁知到了第二天，由于温蒂的工作时间比艾达长，便被安排在前面发言。当温蒂开口讲述方案的时候，艾达吃了一惊，这个方案竟然跟自己的一模一样。在讲解过程中，温蒂还满脸歉意地对老板说："很遗憾，因为电脑被病毒入侵，文件全毁了，我现在只能口头叙述这份方案，但是请放心，我一定会尽快整理出书面材料的。"

艾达听得目瞪口呆，她怎么也没想到温蒂会将自己的作品抢去。因为工作时间太短，她根本不敢把手中的方案交上去，也不敢申诉，怕老板不相信自己，最终只好伤心地离开了。而温蒂的方案尽管得到了老板的认可，但毕竟不是她自己的东西，很多细节都弄得不清不楚，在执行的时候出现了漏洞，温蒂也无法及时修正，最终导致失败。后来，老板得知她抢的是别人策划的成果，当然毫不留情地炒了她。

看看窃取他人劳动果实的下场，多么尴尬，多么没面子。所以，长辈们才会劝诫我们说："不是自己的功劳就不要惦记，更不要去抢。"霸占别人的功劳除了使你一败涂地，遭人嘲笑之外，其实什么也给不了你，更不会是你成功的捷径。对方知道也好，不知道也罢，世界上从来没有能包住火的纸，也没有不透风的墙。一旦你窃取他人功劳的事情败露，真相大白于天下之时，你必定会颜面扫地，不仅功劳的拥有者会视你为敌人，周围所有的旁观者也会对你的行为嗤之以鼻。别人的东西终归是别人的，只有靠自己的双手取得的成就才是真正属于自己的财富。

通过一个人不肯将别人的功劳据为己有这一点，我们可以看出他高尚的品格。具备成功资质的人绝不会占有他人的功劳，正如高明的领导绝不会占有员工的功劳一样。在工作中，我们不应该想着怎样去掠夺他人的功劳，而是要尽一切努力学习别人的长处，提升自己的能力，去创造属于自己的辉煌。

所谓"真金不怕火炼",想要证明自己的确是一枚闪闪发光的金子,想要在职场中获得大家的认可,依靠巧取豪夺是不行的,一定要凭借自己的真本事去打拼,千万不要做出窃取他人功劳同时自毁前程的蠢事。

做人,最重要的就是坦坦荡荡,无愧于心;身在职场,不属于自己的功劳,就不必挖空心思地去占有。不抢功,不夺利,这样不仅能使我们收获良好的人际关系,还能让我们永远立于不败之地。

5. 才高不必自傲,慢点儿邀功请赏

在职场中,有很多自认为"才高八斗"却前途暗淡的人,他们在意名声的好坏,在意功劳的归属;他们傲慢、张扬、求胜心切;他们自恋、高调、需要别人的赞扬,乐于邀功请赏。由于过度自信,他们总以为自己的才华高于其他人,很容易产生主导一切的错觉,希望所有人都能顺从自己,然而却从来不懂得设身处地为他人着想。

一个人渴望被肯定的心情是可以理解的,但倘若这种自视清高的情结愈加强烈,发展到不可控制的地步,就会使人迷失自我。俗话说:"山外还有一山高。"就算是华佗再世,也会有医不了的病症;就算是如来佛祖转世,也会有理不清的是非;就算是爱因斯坦的相对论,也存在着许多有待推敲的部分……试问,你又能拥有多么了不起的才华呢?通常情况下,大部分人只知道好的名声可以得到更多人的拥护,大的功劳可以换来更可观的回报,但却忽略了"树大招风""功高盖主"背后的无穷隐患。

麦克效力于一家广告公司,工作非常努力。经过多年的打拼,他很希望自己能够获得公司上级的认可,并且早日晋升到自己满意的位置。只可惜公司内部人才济济,他的愿望始终没能实现。

对此,为公司效力多年的麦克有自己的看法。他认为,自己的上司是个看重权力且控制欲很强的人,喜欢独占功劳;同时又嫉妒贤能,生怕有能力的人得到晋升机会之后,爬到自己头上。每次在公司大规模的策划会上,麦克都觉得自己提出的方案是绝对完美无缺的,可其他的成

员却始终不肯举手表示赞同。因此，自己的工作做得再好，也总是与晋升无缘。

长年累月积攒下来的怨气让麦克非常痛苦，更让他无法接受的是，上司甚至没有一个明确针对他的培训计划，似乎也没有想要进一步提升他能力的意图。也就是说，这份工作在麦克眼中已经毫无前途可言。他认为，以自己各方面都很出色的能力，如果继续留在这里，就真是"屈才"了。

于是，麦克终于下定决心离开公司，而上司对此也表示同意，并没有挽留的意思。不过，麦克始终认为，那是他在强颜欢笑。自己走后，上司肯定会非常后悔，会意识到离不开自己。想到这里，麦克带着满意的笑容转身走出了大门。

现实生活中，像麦克这样自以为"才华横溢"的人确实很多。他们每天都拼命地工作，认为自己的表现无可挑剔，甚至替公司领导感叹："能拥有这样一位优秀的员工是多么幸运的事情呀！"然而，这些自视过高的人，往往过于在乎他人的肯定和赞美，过于介意他人对自己是否足够关注，缺少平易近人的亲和力，也不讲究与同事沟通的技巧，结果导致自己心力交瘁。直到最后离开，还坚持认为只有自己才能把所有事情都安排妥当，还妄想会有人因为失去这样一位优秀的伙伴而伤感，甚至还有空闲琢磨上司后悔的表情。真是可笑！

假如你是个聪明人，就应该明白，人生最大的危险更多时候是源于自身的。人，只要干出一番事业，就可能会居功自傲，而这样做的下场往往会比无所作为更凄惨。所以，我们要看到功劳背后隐藏的危险，做一个有修养的人。不论多好的事摆在眼前，也要守住自己的本分，千万不可以"功高盖主"，不然轻则招致他人的嫉妒，重则惹来杀身之祸。

在工作中，每个人都希望通过努力取得成绩，得到大家的肯定。例如，在销售行业，成为"业绩冠军"就是一种能力的体现。倘若能长期"霸占"业绩排行榜上的第一把交椅，则更是表明能力十分了得。这本来应该是件好事，但对于那些喜欢出风头的人来说，骄人的业绩往往会成为他们与同事交往的障碍，不仅会影响职业生涯的发展，还会对他们的心理造成一定的伤害。

自古以来，只有那些能与他人共同拥有完善名节的人，才能避免各种意想不到的危害。所谓"枪打出头鸟",我们行走职场,假如锋芒毕露,往往会给自己带来很多不必要的麻烦。相反,那些善于明哲保身的人却能防患于未然。同样,对于一些可能会玷污名誉的事,我们也不应该随意推卸责任,主动承担过错,学会引咎自责,这样才称得上是一个真正的人才。

6. 替下属戴上"功劳的勋章"

如何让下属心甘情愿地为企业打拼,是很多中高层领导的一大难题。尤其是那些手上没有太大实权的中层管理者常常抱怨说:"我既没有提拔下属的权,也没有发给下属的钱,如何激励他们?"光动动嘴皮子当然行不通,但也不能死守着这些老掉牙的手段不放。事实上,只要你肯用心地去寻找,去尝试,便会发现很多行之有效并且成本较低的激励方法。

智慧的管理者,往往都掌握着很多激励员工的方式。只要运用得当,相信每一种方式都能有效地激发出下属的工作热情和潜能。例如,任何一个有所建树的领导,都不会独享一份殊荣的。不仅如此,有时他们还会故意将本属于自己的那份功劳全部推让给下属。试问:这样一来,下属怎么会不全心全意地为他卖命呢?在用人策略上,能把自己的功勋奖章摘下,亲自别到下属胸前的领导,绝对称得上高明。

45岁的布莱恩·罗伯茨如今已经成为康卡斯特公司的首席执行官了。这一切都得益于他那位极具智慧的导师,也就是他的父亲——拉尔夫。

最初,布莱恩一心想在康卡斯特公司总部开始自己的事业。可父亲却坚持让他到基层去,从业务做起。于是,布莱恩的第一份暑期工作,就是在离匹兹堡不远的宾夕法尼亚州新肯辛顿安装电缆。这份工作需要爬上电线杆拉电线;还要到居民家里把电线接上。这段经历让布莱恩了解了技术人员以及客户服务代表的重要性,也让他认识到某些工作中潜在的危险。这一切,他的父亲都非常清楚,亲临现场的感受是不可能在总部学到的。

当然,拉尔夫让儿子最受益的建议就是:把功劳留给你的下属。

"要知道，你处在一个绝对幸运的位置上。"这天，父亲对布莱恩说，"由于这个特殊的位置，你不需要荣誉，因为那对你来说毫无用处。但是，假如你能将功劳让给自己的下属，不仅会增强他们的自信心和自豪感，也会使他们真真正正地愿意为你效力，更不会在关键时刻出卖你、背叛你。"

正是父亲的这番话，让布莱恩获益匪浅，顺利地迈向了成功。如今，他正尝试着用父亲教给自己的方式，来激励自己的部下。

一个人在工作上表现突出，除了自身的能力之外，肯定离不开上司的协助，这本来是无可厚非的事实。但是，如果作为上司的你经常将优异的成绩据为己有，将差一些的丢给下属承担，那么就不要抱怨自己没有得力的助手，因为你的这种做法实在不得人心。

要令下属主动地付出、卖力地工作，就要懂得将功劳归他们所有。否则，下属便会琢磨："我干得再出色，也不过是你的功劳。到头来你在高层会议中出尽风头，而我还不是只能在最底层领那点死工资？让我为你拼命，犯不着啊！"一旦你的部下有了这种想法，很快就会沦落到得过且过、混吃混喝的地步，所谓"不求有功，但求无过"的心态，往往都是在没有功劳可享的情况下出现的。

身为一个企业的中高层管理者，必须清楚地知道，想要取得更多更大的荣誉，就离不开团队的协作与配合。在这个过程中，上司与下属同坐在一条船上，只有齐心协力、患难与共才能乘风破浪，驶向成功的彼岸。倘若毫不客气地将"荣誉光环"罩在自己头上，将一切成绩归为己有，那么，不仅会打击员工继续努力的积极性，也会埋下许多对自己不利的隐患。要知道，一个喜欢与下属争抢功劳的领导是不可能有太大发展的。由于目光短浅、缺少远见，所以也注定难以成功。

当然，在你将功劳让出之后，切勿要求获得荣誉的员工"知恩图报"，也不要摆出一副威风凛凛的"救世主"姿态。这样做很可能会伤害员工的自尊心，使其产生抵抗情绪，那么前面所有的努力就付诸东流了。你应该真诚地将"军功章"授予自己的属下，并且表达自己内心的感激之情。换句话说，你要为自己身在一个可以"给予"的公司而骄傲，同时，也对面前这个值得自己"让出荣誉"的属下而心怀感激。

如果一个管理者能持有这种心态，那么他所获得的喜悦将是不可限量的；如果一个企业可以拥有如此和谐的氛围，那么上司与下属之间必定也能一团和气，尽可能少的产生摩擦。

把功劳让给一线的员工，把过失独自揽在怀中，这样的领导才是所有下属的心之所向。即便只是小小的恩惠，相信他们也会"滴水之恩当以涌泉相报"，届时，得与失，孰轻孰重，相信不用多说了吧！

7. 在取得功劳之前，要先学会付出

所谓"一分耕耘，一分收获"，一个人所取得的功勋伟绩，必然与其之前默默地努力付出紧密相联。在如今这个以成败论英雄的时代，能被人们记住的，往往是那些功名显赫的人，而对于那些吃尽苦头、付出艰辛却没有什么功劳的人则视而不见。正是这种不良的社会风气，使许多年轻人产生了急功近利的心理。无论面对什么事情，他们的首选都是"捷径"。殊不知，对于一个不懂得付出的人来说，收获又从何谈起呢？

当然，这并不表示我们就要否认"功劳"，评价也应该先从功劳开始。毕竟，它是由一个人的心血和汗水凝结而成的，属于实实在在的结果，不仅代表了一个人所取得的成就，更反映了一个人所付出的辛勤劳动。

一般情况下，"功劳"和"苦劳"是成正比的，付出得越多，收获得越多。"功劳"背后是"苦劳"所折射出来的光芒。就这一点来说，我们把鲜花和掌声献给做出成绩，取得功劳的人，就是天经地义的了。

美国国务卿康多莉扎·赖斯无疑是全体美国黑人的骄傲。

从小，她就立志成为一名杰出的政治家。在当时种族歧视十分严重的美国，赖斯的远大志向听上去更像是一个遥不可及的梦。黑人不能与白人同乘一辆汽车，黑人不能与白人共读一所学校，黑人不能进入白宫参观……这种种不公平的待遇，让年幼的赖斯感到十分苦恼。

父亲告诉赖斯："作为一个黑人，要想改变自己的生存状况，最好的办法就是取得非凡的成就，获得至高无上的荣誉。如果你使出双倍的劲头，就能赶上白人的一半；如果你能付出四倍的艰辛，就可以跟白人

并驾齐驱；如果你愿意付出八倍的努力，就一定能超越白人。"

赖斯被父亲的话点醒了，她开始数十年如一日地刻苦学习，勤奋工作。这个普普通通的小女孩，真的付出了相当于白人"八倍的努力"，也确实取得了一般白人无法企及的成就。一般地，白人只会讲英语，而她除了英语外，还精通俄语、法语、西班牙语；一般的，白人 26 岁可能连研究生还没读完，而她已经是斯坦福大学最年轻的教授了；白人大多不会弹钢琴，可她却获得了美国青少年钢琴大赛第一名……此外，赖斯还学习了网球、花样滑冰、芭蕾舞、礼仪等多种技能。

在赖斯心中一直有一个标准，那就是：白人能够做到的自己要做到，白人做不到的自己也要做到。

果然是天道酬勤，当年"八倍的努力"换来了今天"八倍的成就"。黑人赖斯终于实现了自己的理想，成为当代国际政坛上一颗耀眼的明星。

任何人通往成功的道路都是泥泞崎岖的，在取得功劳之前，我们唯一能做的就是付出再付出。上帝不会特别关照某个人，也不会完全辜负某个人。所以，当我们学会如何付出、如何努力、如何战胜自己的时候，功劳自然而然也会被我们收入囊中。

之前所有的困难都会因为我们的勇敢而退却，所有的敌人都会因为我们的坚持而喝彩。正如今天在赖斯的故乡，那些当年不肯与她同乘一辆车的人，那些曾经不允许她入学读书的人，那些不愿意让她参观白宫的人……还不是一个个都将她奉若神明，以她为骄傲吗？

但是，我们不得不承认，"功劳"和"苦劳"有时候也会不成正比。要将背后的"苦劳"转化为人前的"功劳"，不仅需要满足一些条件，更与一个人的工作岗位、人生际遇和所遇时机紧密相关。尽管这些人平时下了很大的苦功，也付出了辛勤的汗水，可是，有的因为基础条件过差，一时间出不了成绩；有的因为从事着一些潜在、长远或是基础的工作，也很难见到成效；还有的则是因为本身从事着大量具体的工作，过于琐碎和零散，使得他们长期默默无闻，出不了看得见、摸得着的成绩……所以，我们说，付出辛苦劳动的人就算得不到最终的荣誉，也同样值得我们尊敬。

在职场中，评价一个员工要从多个角度出发，注重其最根本、最持续的状态，而不能仅凭一时的强弱就下结论。另外，不单要看一个人"干得怎么样"，关键还要看这个人是"怎么样去干"。功劳和成绩只是表象，想要客观准确地做出评价，就要从平时工作中的精神状况着手，看看他有没有事业心和责任感，是不是能够完全投入工作，能不能做到爱岗敬业、吃苦耐劳、无私奉献等。

很多时候，我们身边那些战斗在艰苦环境下，不计功名、埋头苦干，情愿做一辈子"螺丝钉"的无名氏，才是真正的英雄。"宝剑锋自磨砺出，梅花香自苦寒来"，只有经历过逆境磨炼的人才能获得成功，也只有付出过艰辛的人才配拥有功劳。

8. 舍弃多余的一切，反而更快乐

我们的生命原本只是一段美好的旅程，与"功劳"无关。

当一个人为了得到认可，取得功绩，背负了太多与生命不相干的行李时，除了费力前行，根本无暇顾及两旁的风景。然而，当我们拖着疲惫的脚步，揉着酸痛的肩膀，站在成功的领奖台上时，也许会惊讶地发现，原来煞费苦心得到的鲜花和掌声并不能够带给我们真正的快乐，反而会成为一种无形的压力和负担，彻底扰乱了原本恬淡悠闲的生活。

所以，对于旅途中多余的一切，我们都应趁其尚未转化成负担，尽早地抛弃；不管遇到什么事，我们在决定"做"与"不做"之前，不妨先问问自己："能不能做好？能不能从中得到快乐？"

美国管理大师彼得·德鲁克曾告诫过那些渴望获得功劳的人，在制定自己的工作计划时，要学会适当地舍弃一些多余的程序，尽量删除一些可做可不做的事务，放弃一些并不特别有价值的成功。毕竟每一个人的时间和精力都是有限的，倘若一味地追求功利，舍不得抛弃脱离实际的空想，将有限的生命投入无限的欲望中去，那么你的人生注定是不快乐的。

斯蒂芬刚刚升职做了部门经理，不仅薪水翻了一倍，工作时间上也更加自由：他每天都有时间陪老婆孩子，偶尔也会抽空跟同事一起打球或钓鱼，放松一下身心。本来，他已经非常满意自己现阶段的生活，不准备再继续拼搏。可是，斯蒂芬的老婆却不这样认为。她经常唠叨个没完，今天说某某同学的老公又高升了，要开 party 庆祝；明天说谁谁的邻居又买了一栋别墅，准备庆祝乔迁之喜；后天又说哪位亲戚将孩子送进了贵族学校，未来前途一片光明……每每听到老婆说这些，斯蒂芬都很愧疚，他觉得自己为人父、为人夫，肩上的责任自然要重一些。

于是，为了在将来的岗位竞聘中取得好成绩，斯蒂芬又回到了几年前的状态，开始早出晚归。还好，加班应酬总算为他换来了更高的职位以及更多的薪水，可是他却没办法让自己清闲下来。这时，老婆又开始抱怨斯蒂芬没有时间陪自己，也不照顾孩子，并到处跟亲朋好友说男人有钱就变坏……而斯蒂芬也完全失去了快乐。

从升学到就业，从就业到发展事业……为功名所累的现象似乎贯穿着我们成长的整个过程。很多时候，只有走完全程，抵达人生终点，蓦然回首的那一刻，我们才发现，自己曾经付出那么多艰辛，竭尽全力，好不容易拼抢到的功劳和成绩，其实都不是我们真正需要的。这些披着华丽外衣、散发着光芒的东西，不过是人生中多余的累赘罢了。因为不甘心舍弃，所以通通塞进怀里。哪知道，这些"多余的累赘"竟然有本事篡改我们的目标，使得它们个个"面目全非"，而我们最终获得的"成功"，自然也不可能是之前所预期的那个样子。

其实，什么样的生活更安心，什么样的工作更快乐，没有谁会比我们自己更清楚。"成功"应该很简单，说穿了，不过是我们通过取得成就使自己达到安定与满足的一种状态而已。只是，我们往往很难坚守住自己所向往的成功，大多数人都会被生活卷入"面目全非"的现实，使原本纯粹的"成功"变得庞杂、庸俗，近在眼前又仿佛远在天边。于是，我们的人生从追求"成功"，逐渐演变为追求"比别人更成功"。

有一位从事铝合金经营的老板，每年纯利有上百万元，短短几年时间，已经在当地小有名气了。可是，为了继续扩大生产规模，垄断周边所有生意，他毅然决定将所有的利润继续投入到厂子里，而自己仍住在发达之前的那幢破房子里。

除此之外，他对员工很苛刻，很小气，对自己更是抠门得要命。每次去南方采购原料或洽谈生意，他都是火车往返，吃方便面，住招待所。一年冬天，他亲自押一批货回厂，途中遇到大雪，车翻了，他也因为重伤住进了医院。

好在经过抢救，他的两条腿总算保住了，只是劫难过后，他仿佛变了一个人，不仅在开春重新建起了别墅，还买了车，并且改变了对员工的态度。有人询问原因，他很惭愧地说："以前，我总想着再攀高峰，什么都舍不得放弃，过于关注功名，看重利益。出事之后，我想到假如自己被压死，那么所有的一切便都不再属于我了。即使只失去两条腿，我的人生也会少了很多意义。跟健康地活着比起来，一切都显得微不足道了。"

当生命面临死亡的威胁，我们所追求的功劳、所背负的荣誉、所向往的成功都会变得一文不值。一个人，必须有胆量舍弃生命中多余的一切。只有如此，我们才能找回最初的快乐。

有些人被荣誉的光辉所吸引，迟迟不肯退出，自然就体味不到人生的真谛；而有些人则十分幸运，既能在取得功劳时享受人生，又能在紧要关头敢于割舍，不会过度执着于虚无的功名，更不会为多余的一切所累。所以，请坚决地将生命中多余的功劳舍弃，重新主宰自己的意志，彻底摆脱困境，快乐地享受生活吧。

第二章　利益面前经得住考验——名利不伸手

1. 用减法对待名利

在这个物欲横流的年代里，许多人都将自己的人生模式设定为加法和乘法，恨不得将世界上所有美好的东西都揽入自己怀中。由于心中的欲望不断膨胀，人们自然而然地希望自己能够拥有更多：财富越积越多、名声越传越响、地位越攀越高……在追求利益最大化和名誉超然化的过程中，人们逐渐走入了一个误区，认为什么都是越多越好。

无休止地争名逐利，会彻底摧毁我们正常的生活。到那时，我们就会被囚禁在一个叫做"名利"的笼子里，整天为了"摆脱"而使自己疲惫不堪。

对许多在职场上打拼的人来说，选择减法来对待名利是明智的，更有可能在无意中将其演变为加法。当我们为了升职而心力交瘁的时候，不妨停下追逐的脚步，或许在转身的一刹那，生活会为我们开启另一扇门。只要穿过这扇门，我们就能欣赏到更加迷人的风景。

张天奇参加工作十多年，事业发展一直顺风顺水，如今已经成为深圳某大型 IT 企业的技术经理了。他所在的部门不仅成功培养出十多名精英，包括他在内的五个人更是被公司选定为技术总监的候选人，将接受来自上级领导长达半年的考核，选出综合素质最高者出任总监。

私下里，很多同事都认为 34 岁的张天奇最具竞争力，公司领导也暗示过他要多加努力。然而，从公司下达选拔令之后，张天奇明显感觉到自己与几名竞争者的关系骤然紧张起来，原本亲如手足的伙伴，一下子变成了争名逐利的对手，这是让他无法接受的。

在张天奇看来，IT 行业吸引他的地方并不在于能升职加薪，而是每天可以做自己喜欢的事情，进一步提升自己的能力，享受同事之间自如和谐的关系。对于名利，他完全不在乎，而那些指挥别人、协调关系等工作更是一种负担。

究竟是接受自己不喜欢的生活，继续追逐更高的职位，还是退一步接着过自己喜欢的生活？最终张天奇做出了一个令所有人吃惊的决定：放弃技术总监的角逐。

这样的放弃在职场中很常见。很多人沿着自己最初制定的职业发展道路狂奔了许久，在分叉路口却突然发现，自己并没有朝着喜欢的方向前进。于是，有些人选择了减法；毅然地放弃了那些流光溢彩、华而不实的名利争夺，只留下自己认可的几项核心资产。

如果从职业发展的角度来看，人的前半生可以说是一个加法的过程。我们经过对自身的分析，制定出适合自己的职业规划，不断寻求各种能令自己增值的途径，提升自己被利用的价值，积累名誉、地位、薪水以及技术水平等职业资本。而人的后半生则更像是一个减法的过程。我们需要重新审视自己，制定出一个新的生活规划，减去所有纷繁杂乱的诱惑，减去对财富、名利的追求，减去我们内心不堪重负的欲望，保留相对唯一的价值标准，用来指导自己所有的重大抉择。

对于张天奇的决定，公司上下除了一片惊讶的声音之外，更多的是大家对他由衷地佩服。尤其是之前那几位与他竞争的同事，此时也纷纷向他表示敬意。

经过多次协商，领导对张天奇的能力赞赏有加，同时也一致认可他的大度、宽容、淡泊名利的精神。为了给予奖励，特别为张天奇设立了一个技术顾问的职位。这样一来，他既得到了更多技术研究的资源与权力，也可以专心做自己喜欢的工作，又不必牵扯精力在不擅长的事情上。张天奇用减法对待名利的行为，得到了大家的肯定，也给自己带来了巨大的收获，真是皆大欢喜。

一个人放弃了对名利的追逐，所换来的不仅仅是更加和谐稳固的人际关系，同时还让自己的专业技能更上一层楼，有了更加广阔的发展空间。原本是在做减法，却在不经意间，演变成了另一种加法，实在是令人欣喜。

减去名利的职业生涯已经步入了一个崭新的时代，走在这里的人们不必再为简单的生存愿望而奋斗，而是情愿为某个目标或某个理想去放弃自己已经拥有的东西，将曾经追逐名利的劲头转向人生的另一片领域，去寻找真正适合自己的生活。

时代正以我们难以想象的速度，向前发展；社会也正以我们无法悉知的方式，不断变化。行走职场，每个人都有机会去实践自己的梦想。只要目标明确，积极进取，把握方向，在适当时候用"减法"来对待名利，才会梦想成真。

2. 当心带钩的"饵"，别为一时之利自毁前程

喜欢钓鱼的人都知道，吸引鱼儿上钩的是"饵"，而毁掉鱼儿一生的是"钩"。用"饵"将"钩"伪装起来，这一招对于那些经不住眼前利益诱惑的鱼儿十分奏效。或许，在咬住"饵"的瞬间，鱼儿并不清楚，自己将要为之付出的会是生命的代价。

在职场，不管你是高高在上的领导，还是普普通通的员工，都不应该争着去做"咬钩"的鱼，不能因为贪图一时之利，亲手断送自己的大好前程。职场中的战役就如同一场马拉松比赛，只有懂得平均分配体力、意志顽强的人才有可能率先抵达终点，成为赢家；而"短跑健将"或是"百米冠军"，恐怕都会在中途败下阵来。所以，那些立足于眼前，同时又能着眼于未来的人，才可能是职场中最后的胜利者。

对于初涉职场的年轻人来说，积累工作经验，掌握实际技能才是最重要的目的。要知道，这是每一个职场中的人必须经历的阶段，是在为将来的生活打下坚实的基础。此时，我们千万不能以"利"字当头，过于计较自己的收入，更不能有"企业给我多少钱，我就相应干多少活"的消极想法，要认清形势，懂得"吃苦在先，享乐在后"的道理，相信对于每家企业而言，往往是要根据我们所做出的贡献，来支付相应的报酬。倘若你在还没有任何资本的情况下，对薪酬待遇过分关注，不仅会失去领导的好感和信任，也会因此错过很多重要的发展契机。

吴娇妮刚从广播学院毕业，学习播音主持专业的她鼓足勇气，来到一家电台毛遂自荐。很不巧，电台暂时没有空缺的职位，负责接待的领导便让她留下联系方式，表示以后有需要会及时致电通知。

但是，吴娇妮没有就此放弃。在她一再恳求下，领导要她考虑是否愿意留在传达室帮忙做一些杂务，并强调这个职位是义务的，没有薪

水。吴娇妮想了一下，笑着告诉领导说："没有问题！"

就这样，她开始了自己人生的第一份正式"义工"。吴娇妮不仅在传达室帮忙签收信件，还承包了办公楼里扫地、拖地、打开水、倒垃圾等工作。由于她做事麻利，人也非常勤快健谈，很快就赢得了不少工作人员的好感。

一段时间过后，电台的领导见她这么有毅力，也被打动了，破例给了她一次试音的机会。谁知，效果相当不错。于是，吴娇妮从一名义工摇身变成了该电台的播音员，还创办了一档自己的节目。

坚持自己的理想，"忍辱负重"地选择留下，是吴娇妮成功的关键。假设她十分计较自己付出的劳动没有换来任何利益，而中途放弃的话，就不可能得到一个梦想成真的机会。成功学大师卡耐基曾说："太计较小钱的人是挣不到大钱的。未来谁更职业化、专业化，收入自然会更高。"

想要在某一领域做出成绩，我们首先要接近它，想办法参与它，并在参与的过程中了解它、熟悉它，最后获得成功的机会。

然而，遗憾的是，在当今企业中有很多员工却不理解也不认同这个说法，他们只看重眼前可以到手的利益，他们工作的目的就是获得薪水。从表面上看，这些员工似乎很"精明"，懂得用劳动换取利益，可若是用长远的眼光来看，这些员工无疑是"损失惨重"的。他们善于偷懒，善于逃避，善于推卸责任；他们只对那些看上去有利可图的工作感兴趣，而对那些表面上吃苦受累、费力不讨好的工作却完全不感冒；他们时时刻刻受利益驱使，为眼前的薪水发愁，却忽略了隐藏在薪水背后更为关键的东西，并因此错过了成功的机会，毁掉了自己的美好前程。

我们身边，的确有很多人都习惯于用利益的多少来衡量一件事到底该不该做。在这些人眼里，什么经验积累、能力培养都是空谈，只有真正到手的"钱"，真正获得的"利"才是最重要的。其实，这种想法是极端错误的，也很容易给一个人的前途造成重大的消极影响。

所以，我们必须清楚自己是为什么而工作。要树立起"为将来"而不是"为眼下"的意识，挖掘出"为价值"而不是"为利益"的心态，尽自己最大的努力去实现梦想，缩短与成功之间的距离和时间，这样的付出才有意义。

3. 任何时候，都不可出卖公司的商业机密

对于征战商场的所有企业来说，"商业机密"关系着企业的利益，乃至关系着企业的生死。人们常说，人生如棋局，那么商场似乎更像是"博弈"，所谓"不谋一域者，不足以谋全局"。在商场过招，靠的不仅仅是经济实力。那些具有商业价值的信息和技术一旦泄露，也一样可以在很短的时间内，令一家资金雄厚的企业身陷囹圄。

在任何一家公司的员工手册里，都会有一项基本要求很容易被忽视：不该你知道的，绝对不要去打听；已经知道的，一定要守口如瓶。这是全体员工必须具备的一项基本素质，如果商业机密从你的口中泄露出去，不管你是有心还是无意，都将给公司带来不可估量的损失，同时也会给自己惹来不必要的麻烦。

亚伦原是某金属冶炼厂的技术骨干，由于企业面临转型，亚伦感觉自己不适合继续留任，于是，准备重新找一份工作。

其实，鉴于这家厂在行业内部具备一定的影响力，亚伦自身的能力也毋庸置疑，想找工作根本不难。事实上，很早以前就有不少公司向亚伦发出过邀请，可是都没有成功。这次他主动提出要走，业内公司都认为这是笼络他的绝好机会。

这些公司纷纷开出了很高的报酬，而亚伦却觉得，在这些优待后面必定隐藏着别的什么目的。那些公司并不知道，亚伦在决定离开的时候就郑重地告诫过自己，决不能为了眼前一些优厚的报酬，而背弃自己的从业原则。因此，他婉言回绝了这些公司的邀请，最终选择参加全美最大金属冶炼公司的招聘会。

面试官是该公司负责技术的副经理，他对亚伦的能力十分满意，可他却提出了一个让亚伦很失望的问题："很高兴你能够加入！我听说，你原来所在的厂现在正在研究一种提炼金属的新技术，似乎你也曾参与了这项技术的研发。如今，我们公司也准备在这个领域展开一番开拓，希望你可以为我们提供一些帮助，将他们研究的进展情况以及取得的成果透露给相关人员。你知道，这对公司来说很重要，也是我们聘请你的主要原因。"

"对不起，你的问题令我失望极了！市场竞争确实需要一些非常手段，可是我有责任忠于我的企业。尽管我已经离开了，但任何时候、任何条件下我都不能泄露机密，因为我的从业原则告诉我，忠诚比获得一份工作更加重要。请原谅，我帮不了你。"亚伦一字一句地回答，身边的人都为他感到惋惜，毕竟这家公司的影响力和实力都远远超过他原来的工厂，在这里工作是许多人梦寐以求的，然而亚伦却放弃了这个绝好的机会。

但是，就在亚伦准备去另一家公司面试的时候，却收到了那位副经理的来信："亚伦先生，你被录取了，恭喜你成为我的助手！不仅因为你卓越的能力，更因为你时刻都想着为自己的企业保守商业机密，你是好样的！"

今天的社会充满了诱惑，说不准什么时候，我们一个不小心就会坠入陷阱。利欲熏心的人在金钱和名利的诱惑下，随时可以背叛自己曾经信守的感情，可以出卖自己一直珍惜的友谊，可以抛弃自己始终崇尚的道德……更不用说是"上一家"公司的商业机密了。

人们常说"知恩图报""投之以桃，报之以李"，行走职场最忌讳的就是"吃里扒外""吃张家饭，干李家活"。然而，在很多企业里，仍旧"潜伏"着许多这样的员工，他们会为了一己私利，将老板、同事以及公司的利益全部抛到脑后，利用职权把"商业机密"出卖给竞争对手。虽然这些人暂时得不到什么惩罚，但终究还是难逃良心的谴责。

奥斯顿在某公司任办公室秘书，能力出众，很受老板赏识器重。因为经常与老板一起出席各种宴会，自然也就掌握了不少商业机密。

一次，公司的合作伙伴请奥斯顿喝酒。中途，合作公司的代表说："最近我们老板和你们老板正在谈一笔很大的买卖，如果你能告诉我一些你们公司的'情况'，让我们在谈判中能掌握主动，那么……"

"什么？你这是让我出卖老板的商业机密？"没等对方说完，奥斯顿就皱着眉头问道。

"嘘……"代表小声地对奥斯顿说，"这件事情除了你我以外，绝对不会再有第三个人知道，也不会对你造成任何影响。"说完，塞给奥斯顿一张十万美金的现金支票。见到真金白银，奥斯顿只好欣然接受，将公司的机密全部讲了出来。

结果，在谈判中，奥斯顿的老板吃了大亏，公司损失惨重。事后，老板全力调查，终于揪出了泄露公司商业机密的"内鬼"。原本前途一片光明的奥斯顿不仅丢掉了工作，连那十万美金也作为赔偿款被公司没收了。

一个不能遵守员工基本守则，无法为企业保守商业机密的人，不管走到哪里，都不可能得到老板的重用。没有人会相信一个出卖自己灵魂，辜负领导栽培的员工可以改过自新。就算你才华出众，恐怕也难以得到新上司的器重。

商场是人生的缩影，企业在血雨腥风的对决中，彰显着顶级高手的风采。在千钧一发之际，你怎么忍心去破坏原本公平的竞争？怎么舍得眼睁睁地看着栽培自己的企业垮掉？或许，对于一个陌生人给予的帮助，你都会感激不尽，为何却可以对老板给予的恩惠置若罔闻？不要以为这一切都是理所当然，不要以为你与公司之间只是单纯的雇佣与被雇佣的契约关系。难道说，朝夕相处这么久，老板对你没有丝毫的知遇之恩？

作为一名员工，必须时刻谨记自己所扮演的角色。我们的使命是不仅是为自己，还有为企业获取利益。只有整个企业得到发展，我们才能有机会跟着发展。因此，忠于公司就等于忠于自己，出卖机密就等于出卖自己，背叛公司、背叛领导、背叛同事、背叛原则……也就等于背叛了自己，只有走向毁灭的最终的结局。

4. 良好的职业道德就是你的个人品牌

在21世纪愈演愈烈的市场竞争面前，一个人想要在变化莫测的情势中站稳脚跟，应对知识经济的挑战，除了要具备足够的能力以及牢固的基本知识外，踏踏实实地打造个人品牌，塑造良好的个人形象是必不可少的。

在我们的一生中，耗时最长、对生活影响最大的莫过于职业生涯。从二十多岁初涉职场，到七老八十挥泪告别，期间至少要跨越三四十年的时间，对于个别人来说，甚至会跨越一生。面对长达几十年之久的职业生涯，我们该如何在众多竞争对手中脱颖而出？如何不断提高，锻炼自己的能力？如何形成自己专属的核心竞争力，使自己在职场中立于不败之地呢？至关重要的一点，就在于我们是否能遵守职业道德，在工作中打造出口碑良好的个人品牌。要知道，这绝对是我们在职场中取得成功的关键。

今年28岁的罗纳德曾在新加坡的一家交易所从事金融期货，多次被巴林银行称为"金手指"。凡是金融期货，只要经过他的手这么一点拨，就会变成钱。他不仅赚了很多钱，还被巴林银行封为"全体员工学习的楷模"。

然而，就是这个年轻人，就是这个年轻的交易员，却因为自身败坏的道德品质作祟，令整整一栋金融大厦瞬间倾覆，令世界上最古老的巴林银行彻底垮台。

相信罗纳德一定是个聪明绝顶、能力超群的人，他的问题并不是出在没有把事情做对、做好，而是他根本就做了不对、不好的事情。因此，在我们的职业生涯中，要想建立起能帮助我们成功的"个人品牌"，首先要学习的就是树立正确的职业道德观念。我们只有保证自己的职业道德观念是正确的，才有可能在未来的日子里形成自己的、信誉度高的个人品牌。

很多事实证明，如果一个人仅仅是工作能力很强，道德水平却不高，那么，他是无法建立起良好的个人品牌的。即便勉强建立了，也只能是短暂拥有，不会持久，更不会令人信服。

唐骏由"打工皇帝"转变为"明星职业经理人"，离不开其个人品牌的打造。他的每一次"跳槽"都会使自己身价倍增，并且仍然可以很好地处理新老东家的关系。加盟盛大，微软授予他"微软（中国）终身荣誉总裁"称号；转到新华都，盛大的领导也曾派员工出席新闻发布会，并在贺词中称唐骏为"职业经理人的榜样"。拥有如此好的口碑，唐骏自然而然能在其职业发展的道路上所向披靡。他说，这都是自己做人、做事、作秀的结果。

所谓"做人"，指的是为人处世之道。能够完全掌握并灵活运用为人处世的方法，不仅能够增添我们的人格魅力，更重要的是可以为将来的"跳槽"积累良好的口碑，迈出打造个人品牌的第一步。

在职场，唐骏将"做人"演绎得淋漓尽致。他与老板、下属保持商业合作伙伴的关系，而并非朋友关系，在公司内与人保持一定的距离；他只把自己当做一名"职业经理人"，注重自己的职业道德，对名利看得很淡；初到盛大时，唐骏给自己定位在"不能改变，只能完善"，坚持不去做任何伤害前任东家的事情。

所谓"做事"，顾名思义，就是勤奋地工作，通过实实在在的成绩，来验证自己的价值。

2002 年，微软在中国的业绩不佳，前两任总裁也引咎辞职。唐骏上任之后，身体力行，彻底颠覆了微软傲慢霸道的形象，交上了一份令人满意的成绩单。盛大正处于业务转型的关键阶段，唐骏的加盟为其争取到了投资人的支持，使公司股价"起死回生"，连陈天桥也称唐骏为"盛大和世界主流资本之间一道非常重要的桥梁"。

所谓"作秀"，当然是取其褒义，指的是为"个人品牌"进行一定程度的包装。

在微软，唐骏的"秀"就已经小有名气了。当得知微软（南方分公司）总经理赵芳要跳槽到苹果的消息后，他马上飞去与赵芳见面，尽管没有一句挽留，但还是上了报纸头条。在盛大，唐骏的"秀"更是融入了工作。他坚持比老板来得早、比老板走得晚，每天工作 12 小时，甚至午餐也是打包到办公室。加盟新华都，唐骏的个人品牌已经明显高于公司品牌，于是他不得不有意地克制个人品牌、突出公司品牌，并通过改善公司的市场形象、提升盈利能力等将公司的品牌做强。

在唐骏看来，如果没有"公司品牌"做后盾，"个人品牌"也就无从谈起。

利益面前能经得住考验，是唐骏成为"职场明星"的重要原因。尤其是在各大民营企业中，创始人总是处于强势地位，这就需要在职人员能对自己有一个比较准确的估计。只有了解自己，才能更好地发挥优势。

打造个人品牌属于持久战，需要经历一个循序渐进、持续积累、不断培养的过程。正如一家企业之所以能发展壮大、长盛不衰，其关键就是产品质量过关，品牌知名度过关，以及拥有良好美誉度的品牌过关。人也是一样，如果你没有良好的道德品质，不能发表独到的见解，也找不到任何专属技能，那么就会缺乏竞争力，当然无法打造良好的个人品牌。

一个能够成功塑造完美形象、打造良好个人品牌的人，其工作态度和能力自然会得到公众的认可，能为企业带来更加可观的收益，最大限度实现自身的价值，无论做哪一行，都会受到领导的赏识和同事的尊重。一个不贪图金钱、不贪慕权贵、不看重名利的人，正是当今社会需要的人才。

5. 盲目攀比薪水，得不偿失

在当今职场，存在着一种极为普遍的"同工不同酬"现象，相信很多人都曾经或正在忍受着这种看似有失公平的制度。但是，请先别急着抱怨。在发牢骚之前先冷静一下，好好想想自己的薪水究竟比人家低在哪里？

有很多头脑精明的商人在谈生意时，都会遵循一种原则：只考虑自己的利益，不计算别人的利益。如果在合作之前，你完全不理会自己因此获得了什么，反而总是在盘算着对方赚了你多少钱，这样一来，你心理的天平便会失去平衡，一味的只是琢磨怎样能减少对方的而增加自己的，最终导致谈判失败，损失岂不更大？

何智辉是某企业的一名员工，刚刚上班不久的他领到了第一份薪水。但何智辉却怎么也高兴不起来，因为他发现跟自己同时开始工作的一个同事，比自己的薪水要多一倍。接下来的一周里，何智辉始终都无法解开这个结，脑子里总是想着"薪水"这档子事。

于是，借着周末休息，他找到了之前给自己介绍工作的老师傅，将情况叙述了一遍。老师傅笑了，说："薪水不是互相保密的吗？你怎么知道人家比你的薪水多一倍呢？"何智辉脸红了，原来，他在领到钱的第一时间，就偷偷进行了对比。"这就是你不对了！一个刚毕业没有经验的新人，怎么才上班就这么看重利益？"老师傅严肃地说，"你说的这个人我认识，他的确是跟你同时进公司的。但是，人家已经毕业几年了，之前还有过相关的工作经验，属于直接转正的，而你还在试用期，你说，这薪水能一样多吗？"

　　还没有搞清楚状况，就盲目地进行比较，到头来只能自讨没趣，不仅影响了自己的情绪，耽误了自己的工作，还会让知道这件事的人对自己产生不好的印象。其实，除了薪水之外，还有很多事情在我们看来都存在着"不公平"的现象，只是这些"不公平"纯粹来源于我们的思想，由于我们在主观上已经认定其是"不公平"的，所以它就真的"不公平了"。但倘若我们肯稍稍转变一下观念，或许就能豁然开朗。

　　既然试用期薪水的规定已经成为无法改变的事实，那么我们只有调整好心态去正视它，接受它，随后通过自身的努力去改变现状。例如，正处在试用期的你，可以更加积极主动地参与工作，创造成绩，让领导尽快看到你的实力。如果可以尽早转为正式员工，薪水不是自然而然就会提高了吗？

　　如今，许多外资企业干脆采取"个人收入完全保密"的措施，从侧面阻止员工们相互之间毫无意义的"攀比"。这样一来，每个人只能清楚自己领到的数字，无法进行比较，也就避免了他们因为比较而产生不公平感。

　　其实，在对待薪水这个问题上，我们只需要计算自己所获得的酬劳与自己付出的劳动是不是相符就足够了，没有必要同别人比来比去。这才是正确的态度。

　　几年前，在某跨国公司的年终总结会上，程慧应邀做一个关于"享受工作"的演讲，时间约为一个小时。同时被邀请的还有几位不算太红的青年歌手。

　　总结会结束后，程慧对于该公司所付的报酬很满意，可是无意间，她得知公司支付给另一位歌手的酬劳竟然是自己演讲的十倍，不禁在心里感叹：知识最有价值，但是不值钱啊！辛辛苦苦说上一个小时，远不如人家唱五分钟的歌。但是，程慧转念一想：他们听我说上一小时，最起码能获得一些调节心情的方法，对人生和事业都是有益的。可是，听五分钟的歌，又能对他们产生多少帮助呢？

　　你还别觉得不平衡，这就是当前社会最真实的现状。为世界做出巨大贡献的科学家们，恐怕也未必有那些影视明星赚得多。既然如此，平凡的我们更没什么可抱怨的了，唯有调整自己的心态，认真考虑一下自己的薪水够不够、行不行。如果行，那么就一切 OK；如果不行，那么就需要你寻找一下原因了。

不管怎样，切忌盲目地攀比，否则会让我们产生不良的情绪。俗话说："人比人，气死人。"只要你有意去攀比，就永远都不会平衡，因为在这个世界上永远都会有收入比你高或者赚钱比你容易的人。

抱怨不能给你带来更可观的收入，也不能改变你原本普通的家庭环境。事实上，根本不会有任何人或事，能以你的意志为转移。恰恰相反，抱怨会使你情绪低落、气势减弱，从而影响你的工作效率，导致业绩下滑。于是，你又会抱怨，然后抱怨又会再次影响到你的事业……这种恶性循环的生活，就是众多碌碌无为者的真实写照。

相信你一定没有见过身边哪位成功人士会整天为了薪水而牢骚满腹，抱怨社会，抱怨家庭！他们与平庸之辈差异最大的地方，就在于对"不可改变的事情"所持有的态度。成功人士往往能够接受，并很快地将心思转移到那些可以改变的事情上面，结果常常会得到一个意外的惊喜。

在这个世界上，有许多事情是我们无法改变也不能选择的，面对这些现实，我们除了调整心态，努力去适应，去接受，继续完成自己的任务以外，其余的一切抱怨都是徒劳。因此，与其浪费时间，不眠不休地抱怨自己不如意的薪水，倒不如将这些宝贵的时间用在工作上，依靠行动来改变自己的生活，增加自己的利益。

6. 不赚违背良心的钱

"君子爱财，取之有道"是我们常说的一个大道理，其中的"道"并不单单指"积极进取，按劳取酬"，更多的也是在告诫我们，追求利益一定要以合法为基础，以道德为标准，这样才不至于误入歧途。

身处职场，我们不能因为财富和权力的诱惑，就放弃对基本道德观念和原则的坚持。尤其是对于涉世未深的年轻人来说，本来对社会的认知就不够，很多问题仅仅只能看到表面。在这个阶段如果盲目模仿一些不良手段，又缺乏必要的是非经验和稳固的人生观，那么就很容易随波逐流，走向沉沦，一失足成千古恨。渐渐由开始时的不安变得理所当然，从开始时的紧张变得稳如泰山，直到有一天意识到自己错了，往往已经泥足深陷，来不及改正了。

白杨大学毕业后，在一家小型外资企业工作了两年。半年前，公司成功获得一项外国"软硬件部署方式"技术的总代理。于是，经理便找到白杨，希望他能负责产品的售前。

正因为公司规模不大，所以作为售前，其实白杨需要做的工作很多，包括售前、测试、实施、售后等等，几乎只要是跟技术沾边的，都要由他来负责。在一次很偶然的测试过程中，白杨发现自己竟然能绕过软件制造商所设的限制，将正式的授权搞到手，这让他很兴奋。因为对于一款软件来说，其实销售的正是"授权"，一般需要通过正版安装程序才能获得。可是现在白杨自己就可以生成"授权"，也就意味着不用再向厂家下单子，直接卖给用户软件拷贝和"授权"即可。白杨打算只给厂家下硬件的单，软件的则不下或者少下，然后在合同中把软件的其他授权作为免费服务的一部分。这样一来，由客户支付软件费用而产生的巨额利润，就纯属于灰色收入了。

跟经理商量之后，白杨还找人分析了现在的销售市场的情况。若是按比例分成，白杨至少每年能收入 60 万。这对于一个刚工作两年的人来说，诱惑的确太大了。

想到自己一半的房子就这么到手了，白杨有点紧张，理智地咨询了相关的法律人士，得出结论：在合同里面做点手脚，就可以操作这件事，不过肯定伴有巨大的风险，要是万一被发现追究下来，拿得越多就死得越惨。

经理出差之前找到白杨，暗示他这件事可以做，并希望尽量低调地处理好。然而，经过深思熟虑后，白杨还是咬着牙拒绝了。虽然白白"损失"了 60 万，但是白杨的心却实实在在地落在肚子里。

一个人对企业来讲是一名员工，对整个国家来讲是社会组成的一分子，如果能拥有良好的职业道德和修养，那么将会给企业带来无限丰厚的利润，为国家做出贡献。相反，如果缺乏职业道德和修养，又不懂得约束自己，那么不仅对企业发展没有任何作用，还会带来不小的危害。

诸葛亮曾在《出师表》中写道："亲贤臣，远小人，此先汉所以兴隆也；亲小人，远贤臣，此后汉所以倾颓也。"对于一个王朝来讲，皇帝身边文武群臣的道德素质，会影响整个朝代的兴衰；而对于一个企业来讲，老板及身边员工的道德修养，也同样关系着整个企业的成败。所以，精明的老板绝对不会重用在道德上有缺陷的人。

经猎头推荐，某公司聘请到一名来自世界著名服装企业的市场总监。公司董事对其以往的成绩非常满意，开出了年薪60万的优厚待遇。可是后来，随着背景调查的深入展开，董事们发现此人离开前一家公司的真实原因竟然是"经济问题"，于是只得宣布终止聘用协议。之所以坚决容不得这样的"高能员工"，是因为公司曾经有过先例。

菲奥娜是一名能力超强的销售员，由于自身先天条件出众，加上销售素质近乎完美，所以在公司也有很高的地位。当时，负责美国公司的老板更倾向于"业绩"，对一名员工的评价完全取决于是否完成了任务。只要能全面完成指标，就是最棒的，将会在年底获得所有奖励，但却忽略了其他因素。

不错，菲奥娜的确为公司赚了很多钱，可她本身花钱的能力也很猛。有一次，她申请报销的服装发票竟然高达上万美元，标注的项目为"大客户临时调货"。监管部门觉得数额太大，便上报老板。经过调查，上级发现大客户取走的服装价值不过三千美元，额外的那些则是菲奥娜送给自己的"礼物"。所以，公司毫不犹豫地将她辞退了。

由此可见，能力差一点不要紧，但品行必须端正。这正是今天很多企业高管的用人理念。"额外收益"即使一时安全，毕竟是悬在头上的一把利剑。

所谓"企业伦理"、"职业道德"，就是要你明确地知道，什么是一个员工应该做的，什么是不应该做的。

想要在职场立足，我们当然要表现出绝对的勤奋：脏活累活抢着做，注重积累经验，提升自己的能力。这样也许没多久你就能升个"小头目"，获得更丰富的报酬。

7. 记住，天下没有免费的午餐

人们常说："天下没有免费的午餐。"其中，"午餐"往往代表着我们所追求的一切财富、荣誉、地位、自由等。这句格言曾经激励了无数人。如果你希望自己的人生有所收获，那么就必须为之付出努力，挥洒汗水；就必须从此放弃安逸舒适的生活，全身心地投入，去实现自己的理想。

　　然而，绝大部分人始终没有战胜自己的懒惰，尽管他们想要得到的东西很多，却不愿意付出足够的心血，也不乐意投入足够的精力。一味怀着寻找"免费午餐"的侥幸心理，庸庸碌碌地过完一生。殊不知，对于一个没有背景、没有人脉，没有财产，没有资源，没有信心，没有毅力……却仍然想在职场打拼的人来说，出路只有一个：就是勤奋。主动地学习，积极地尝试，勤奋地进取；在工作中感受生活的真实，积累宝贵的经验；在发展中实现自己的价值，成就自己的人生。

　　很久以前有个富翁，希望在自己"百年"之后不仅有万贯家财，还能有一些可以作为"传家之宝"的东西留给子孙后代。

　　于是，富翁派人在各大城里张贴布告，寻找有学识有智慧的人。经过慎重筛选，他终于从几百个应征者中选出了16人，对他们说："我给你们一年时间，希望你们帮我编一本留给后世子孙的智慧录。"

　　智者在庄园住了下来，努力认真地完成着工作。一年之期很快到了，他们完成了洋洋洒洒的六大卷。富翁翻了翻，说："我绝不怀疑这些都是精华，但它们太多了，我担心我的子孙会没有耐心读完，请你们浓缩一下。"

　　又过了一年，经过智者的删减，六大卷已经浓缩为一卷了。富翁看了看，还是认为太多了，便再次请他们浓缩。于是，智者只好继续留在庄园，每天讨论该删除哪些字句。渐渐地，一卷文字浓缩成一章，跟着浓缩成一节，之后再浓缩成一段……又过了一年，只剩下最后一句话了。

　　富翁看了这句话，很满意地说："的确是古今所有智慧的结晶啊！"

　　这句在富翁严格要求下，经过16位智者三年的冥思苦想，在六大卷的基础之上，反复推敲提炼出的一句话，成为了富翁决定流传万代的瑰宝。它便是："天下没有免费的午餐。"

　　在现实生活中，很多人都梦想着自己能一夜暴富，能置地购车；或者被突然告知海外有一笔巨额遗产等着自己去继承……这些本来无可厚非，问题在于这些梦想都仅仅是"结果"，等同于无源之水，无本之木。任何理想的实现，成就的取得，如果缺少了过程的参与，都会变得索然无味。这是因为，我们只有在奋斗的过程中，才能真真切切地体会到付出的乐趣，才不至于感叹生活过于乏味，才能细细地品味"百味人生"。

天下没有免费的午餐，想获得就必须付出。即便是街边一名破衣烂衫的乞丐，若是想要得到食物，也要舍弃尊严，放低人格来哀求路人的怜悯。不管乞丐用什么方法，讨到了钱也好，讨到了食物也罢，都没太大的区别，重点是他们为此付出了相应的代价。

纵横职场，我们往往只看到自己的老板或上司领着丰厚的薪资，过着体面风光的生活，却忽略了他们为此所付出的拼搏与努力。于是，想当然地认为，在这世界上"免费的午餐"的确存在，只不过是别人的，而不是我们的。可真实情况究竟是怎么样的呢？恐怕没有我们看到的那么简单。

"免费的午餐"固然好吃，那么，倘若它真的存在，真的会从天而降，就一定会砸到你的头上吗？就算真的那么巧，砸在你的头上，你是否也需要提前做好"迎接"的准备呢？如果你只顾着做白日梦，那么"午餐"也顶多在你头上砸出个大包，然后打翻在地。

我们的命运自始至终都掌握在自己的手里，奉劝那些将希望寄托于"不劳而获"、"白吃白喝"的打工者们："天下没有免费的午餐。"想实现梦想，达成愿望，只有通过自己的不懈努力才最稳当。

第三章　在其位谋其政——位子不伸手

1. 摆正位置是职场第一要务

在职场中，每个人都有属于自己的一个固定位置，不管你是刚刚走出大学校门初涉职场的新人，还是摸爬滚打多年久经职场的旧人，如果不能清楚自己的职责，摆正自己的位置，那么往后的一切也将无从谈起。

你认为职业生涯中最大的悲剧是什么？是挫折？是失败？还是无法升职加薪？不，这些答案都不是最准确的。职业生涯最大的悲剧，往往在于我们搞不清楚自己今天所处的位置，也不清楚明天应该处在什么位置。放任这种"迷失"的状态持续发展，就是职场中最大的悲剧。

不清楚自己今天所处的位置，将会错过很多眼前的成长机会；不清楚明天应该处在什么位置，未来的大好前程也断送了。

对于那些刚入伍的新兵来说，"站岗放哨"是一个必经阶段。

故事发生在军营门口，一位将军由于没有按规定出示证件，而被站岗的哨兵拦住了。

哨兵立正向将军行礼，说道："首长好，请您出示证件。"

"哦，实在对不起，我忘了带。"将军的意思是希望哨兵通融一下，让自己进去，可是哨兵拒绝了。

与此同时，另一位军官路过，见此情景便大声斥责哨兵说："难道你瞎了吗？这是司令。"

那位哨兵没有被这训斥吓倒，他指着哨位旁边的告示牌，上面"请您主动出示证件"的八个大字清晰可见，坚定地说："对不起，我只认证件，不认人！"

事情越闹越大，军营门口的人也越聚越多。很快，哨兵所属连的连长也气喘吁吁地跑了过来。他在大声责备哨兵的同时，也谦卑地向将军道了歉。

在场的所有人都以为哨兵这次肯定要接受处分了。然而，将军却说："小战士做得没错，哨兵的职责正在于此。他忠于职守，你们怎么还予以责骂？"

后来，这个清楚自己岗位的哨兵被破格提拔为副官。

恪尽职守最关键的前提就是明确自己的位置，好比教师要知道讲台在哪里，医生要知道手术室在哪里，哨兵要知道哨位在哪里一样。相信世界上没有一支军队，会提拔和重用一个不清楚自己职责所在的士兵。同样，相信世界上也没有一个企业家或管理者，会器重一个无法摆正位置和不懂基本职业操守的员工。

无论是普通员工还是部门经理，无论是保洁员还是会计师，都要绝对摆正自己的位置，并遵守基本的职业道德。这些是我们在职场生存不可或缺的条件。蒙牛集团董事长牛根生有自己独特的"用人法则"："有德有才，破格重用；有德无才，培养使用；有才无德，限制使用；无才无德，坚决不用。"尽管只有很简单的三十二个字，却充分表明"道德"对一个人职业生涯发展的重要影响。

蒙牛集团董事长牛根生是商界传奇人物。1998年，处于伊利第一副总裁位置上的他被公司解雇。在走投无路的情况下，他创办了蒙牛集团。仅用了6年的时间，他的蒙牛集团已经在业内排名全国第一。而更有意思的是，在离开伊利7年后，曾经解雇牛根生的伊利董事长郑俊怀进了监狱，同时伊利前副总裁牛根生却被评为"2005年新中国十大经济人物"。

此时，牛根生面对媒体早已没有了怨恨。他说："现在看来，我被撤职，主要责任的确在我。原本是企业的二把手，却抢着做了一把手该做的事。现在我已经是一把手了，站在这个位置上才意识到，如果我的副手也做了'水大漫桥'的事，很可能我也会容忍不了。"

永远不要做超出你所处位置的工作或决定，不管你的志向有多么远大，首先还是要想办法在眼前的位置立足，做好自己的本职工作。如果你不能在名片上正确地描述自己的职务，那么恐怕你无法出色地完成任务。如果你不能在名片背后清楚地注明自己的职业目标规划，那么恐怕你难以将这些复杂的计划付诸实践。

在集体中，我们要端正自己的态度，摆好自己的位置，所谓"不在其位不谋其政"，做好自己该做的事，不争名，不夺利，功劳面前淡化自我，权位面前拱手他人。只有这样，我们才能看清身边的真实世界，才能品味地道的成功滋味。即使最终我们无法成为团队里表现最出色的一员，也可以心平气和地做出自己最大的贡献。

不要过于介意自己是不是位高权重，也不要过于在乎自己是不是权倾朝野。无论你是传达室守门人，还是首席执行官，都需要努力地付出，辛勤地劳动。因为对于你的人生价值观、职业道德准则以及基本行为标准，周围的其他人都有目共睹。所以，不管身处哪一个位置，你都必须全心全意地投入，在工作中始终坚持努力的原则。

2. 求权心切，警惕邪念膨胀

我们都希望自己能在工作中有所成就，而升职无疑是领导给予我们最明确、最直接的认可。然而，很多自认为工作表现良好，业绩突出的人却总是得不到钦点，问题究竟出在哪里呢？难道是老板没有注意到我们的功绩？还是我们的升职之心太盛，过于看重自己的地位和权力了呢？

俗话说："雁过留声，人过留名。"自古以来，凡是胸怀大志者，都会将"求权、求名、求利"当做自己终生奋斗的目标。在很多人眼中，"权力"是神圣的，拥有了"权"就等于拥有了一切，连那些曾经想都不敢想的，一时间也都唾手可得。所以说，"权力"对很多人都有着极强的诱惑。

然而，一旦你选择了这条"求权"之路，也就意味着必须放弃平静安定的生活。因为你不得不时刻保持警觉，提防周围的"黑手"，辨别身边人"是敌是友"；你会毫无选择地过上"处心积虑"的生活，为自己继续谋求上位做充分的准备。

其实，一个人有上进心并不是坏事，想升职、想做官、想有权……这些渴望都会成为其不断付出的动力。然而，任何事都讲究适可而止，不要勉强，也不要过分地追求。倘若你求权心切，而领导却偏偏提拔了别人，你会不会感到愤怒？会不会认为领导偏心？会不会产生报复心理？当怒火持续燃烧，邪念也会不断膨胀，最终使你选择歪门邪道，犯下无法弥补的错误，不仅没有求来地位和权力，反而弄得自己声名狼藉，身败名裂。

贺义和罗磊前后脚进了同一家公司，可能由于性格差异较大，两人并不熟。贺义开朗健谈，跟同事关系都很好。罗磊比较内向，总是眉头紧锁，一副心事重重的样子。

三年后，领导通过两人平时的工作表现和为人处世的能力，决定提拔贺义做办公室主任。由于公司有规定，所有关于人事调动的问题都必须公布出来，征求大家的意见，这一次当然也要走个形式。一周过后，领导把贺义叫来办公室，严肃地说："我收到匿名信，指出你的生活作风有问题，连时间地点都有，你有什么解释？"听到这样的控罪，贺义真是哭笑不得，想不到21世纪还有人在用老掉牙的招数。领导让他想一想信会是谁写的，可他认为自己从来没有得罪过什么人，因而毫无头绪。不管怎么说，谣言已经散布开来，贺义升职的事也不得不暂时搁置了。

事情过去半年，一个准备离职的同事说出了真相，原来写匿名信的正是罗磊。贺义这才恍然大悟，原来不声不响的罗磊一直都想升职，看到领导选中的不是自己，一时想不通，就编造了一个诋毁贺义的谣言。搞清楚整件事的原委，领导下令立即执行提拔贺义的决定。与此同时，罗磊因为丑事被揭发，再也没脸继续留在公司，只好辞职了。

为求升职不择手段，甚至连损人不利己的事也心甘情愿地去做，实在是可悲到了极点。人们常用"财迷心窍"来形容那些嗜钱如命的家伙，想不到原来"权"也能让很多人着迷，甚至欲罢不能。

古往今来，世人对待权力的态度始终是不遗余力地追求，同时一味地担心自己地位不够高、权力不够大。其实，名片上那些冠冕堂皇的头衔、成串的职务，不过是职权者的面具罢了，并不能代表其真正的实力，也不能增加其自身的能力。对于权力，世人只有操纵和运用的资格，却不可以据为己有。如果权力在正人君子手中，那获利的无疑是黎民百姓；如果权力落入心术不正的人手中，那遭殃的也必然是黎民百姓。

贪官李真曾经说过："人一旦迷上权力，信念就会发生动摇，腐败也就开始了。"倘若为了争权，连最基本的人性都丧失了，那么，人的欲望只会继续膨胀。最终，原本应该用来造福的权力就会变成人类牟取私利的工具。同时，也会使执权者变成吞噬社会资源的魔鬼。

3. "越俎代庖"是职场大忌

工作中，不少人都会在得到领导的肯定和称赞之后，产生飘飘然的浮躁心理。从此，对任何人任何事都喜欢发表自己的看法，并热衷于向他人提建议，甚至还妄想代替领导做决策。殊不知，你的这些"越级"行为，将会给领导留下极为不好的印象，搞得他们很不开心。

尤其是那些心眼比"针鼻"还小的领导，对于你没有摆正自己的位置更是会耿耿于怀，以至于在日后的工作中给你百般刁难，甚至给你"下套"、"穿小鞋"……当然，发生这样的事，并不完全是领导的错，毕竟你的"越级"已经触犯了职场大忌。

作为员工，如果不想给自己增添不必要的麻烦，最好能聪明一点，清楚自己的角色，摆正自己的位置，尽快消除留在领导心中的"危险"印象，使其彻底解除对你的"戒备"，停止对你的"制裁"。否则，即便何时你有意与领导配合，恐怕人家也情愿另选高明了。

传说中有一位杰出的领袖名叫唐尧，百姓在他的领导下安居乐业，过着平淡的生活。他为人谦逊，得知隐士许由才能出众，便想把手中的权力让出来。一天，他对许由说："日月升起还不熄灭烛火，对于照明岂不是没什么意义吗？及时雨降下还去灌溉，对于润泽禾苗不是徒劳吗？如果您肯担任领袖，一定能把天下治理得更好，我占着这个位置还有什么意思呢？我觉得很惭愧，请允许我将天下交给您来治理吧。"

许由回答说："您已经将天下治理得很好了。如果我现在代替您，不是沽名钓誉吗？如今我自食其力，要那些权力和虚名有什么用？鹪鹩在森林里筑巢，也不过占一根枝丫；鼹鼠饮黄河之水，也不过灌满自己的肚皮。天下对我来说又有什么用呢？算了吧，即使厨师不做祭祀用的饭菜，管祭祀的人也不能越位来代替他下厨做菜啊。"

这便是"越俎代庖"的典故，在今天常被用来比喻人们超越自己的职务范围，去处理别人所管辖的事情。

如今，很多企事业单位都允许员工参与一些决策，这时就要求参与决策的员工一定要提高警惕，鉴别一下哪些决策自己可以发表意见，哪些则不可以。对于一些敏感问题，我们还是不发言为妙。所谓"沉默是金"，与其盲目开口惹来上司不满，还不如视具体情况，见机行事更为稳妥。

在工作中，过于频繁的"越级"，难免会给你和上司的关系带来很大影响。比如，在一些需要应酬的宴会场合，身为下属不过只是陪衬的角色，本应尽量收敛、低调，以突出上司。可有的人偏偏不管不顾，看见自己认识的客户或同行，便抢先上去打招呼，以至于过分地显示了自己，同时冷落了上司。再比如，在一些重要的表决会议当中，身为下属本应多听少说，将表态的权力留给上司。可有的人偏偏不分轻重，越过自己的身份，胡乱发言表态，不仅完全不负责任，而且耽误大家的时间，还喧宾夺主，使上司陷入被动尴尬的境地。

事实上，有些工作本来更适合上司完成。可作为下属的你却总是表现得过于积极、热情高涨，使上司偏离"主帅"之位，无法实施履行其专属的权力和职责，导致上司从此对你心存芥蒂，甚至将你的行为视作一种侵犯和挑战。等到那个时候，你不仅吃力不讨好，恐怕还会因此失去工作。

段虹羽是个开朗外向的女孩，不仅思维敏捷，主意多，而且做事很有魄力，颇得上司器重，前途无量。

周五下午，各部门都要按照公司规定召开例会。段虹羽和同事们来到会议室才发现，其他部门的例会还没有开完。于是，大家只好在门外等候。这时，她却自己推门闯了进去，并且很不礼貌地打断了部门经理的话，开始发表自己的一番见解。正在开会的人对于她这一通指手画脚的评论当然很反感，纷纷起身离开了。

诸如此类的事情，之后还发生过多次。不管对方是谁，段虹羽都禁不住要将自己的理论阐述一番，认为别人都不如她考虑得周到。直到有一次，她竟然自作主张地在一份需要领导签名的合同上，签下了自己的大名。待领导问起这件事时，段虹羽的回答很轻松："我看了，觉得没什么问题，就代您签字了。"结果，她很快就收到了人事部下发的解聘通知。

其实，每一位上司都喜欢肯动脑筋，又肯积极提出建议的员工。只不过，与简单、肤浅、没经过大脑的评论比起来，他们更需要员工在足够了解情况的前提下，经过认真思考而得出一些有建设性和针对性的意见。这就需要我们在发表见解之前，先搞清楚自己的位置。倘若过于自以为是，不但到处点评他人的工作，还擅自做主，越俎代庖，触犯了职场大忌，就会像上面例子中的主人公一样，本来绝对可以成为领导手下的一员大将，却越俎代庖，结果落得被炒鱿鱼的可悲下场。

由此可见，在职场中，认清自己的角色，摆正自己的位置是多么重要。就算你再有才华，再能干，也不能忘记自己的身份。"越俎代庖"永远都是职场大忌，我们应及时调整自己的就业心态，从更客观的角度去看待自己的工作，在不超越自己职位的情况下，发掘你工作的潜力。

4. 做不了"老大"，做"老二"又何妨

世人好像都钟情于做"老大"。无论是生活中还是工作中，似乎只有"老大"才足够气派和有面子。然而，正所谓"高处不胜寒"，一个人爬得越高，摔得也就越重。

现实不允许"老大"轻易放弃，也不允许"老大"判断失误。稍有差池，全部责任都要由"老大"承担。当然，这以后，曾经的"老大"也可能落到"老二"的位子上，也说不定会直接变成"老三"或者"老四"，甚至是老末也不足为奇。与其整天提心吊胆地做"老大"，为何不试试做"老二"呢？

张迪耀是一家软件公司的老板，当朋友问他与另外一家对头公司谁在市场更占优势时，张迪耀表示自己不想跟人家比较，也没必要去比较，因为自己推崇的是"老二政策"。

"做'老大'很不容易，不仅是研发营销机器设备，提高员工素质等等都要做到最好，而且为了不被其他公司赶超，还需要不断地投资扩充。"张迪耀向朋友解释，"也就是说，需要花很大的力气和精神来维持'老大'的地位，需要持续地投入资金来巩固'老大'的地位，太累了，我认为不值得。"

朋友连连点头，附和道："你说得对，而且一旦出现纰漏，不但

'老大'当不成，可能连当'老二'的机会也没有了。"

如今，越来越多的人开始热衷于做"老二"。究其原因，想必并非是真的开了窍，懂得互相礼让，而是他们在社会实践中发现，做"老二"可以占到更大更多的"便宜"，同时也省去了很多不必要的麻烦。所以，只要稍有智慧的人，都会毫不犹豫地选择做"老二"。

这种"老二哲学"源于万世先师——孔子。他用自己的政治理想，为中国人设计了一个"人人礼让，个个知趣，不为福始，不为祸先"的"老二"型社会。今天，已经有很多人成了"老二哲学"的忠实信徒，他们不做"老大"，甘为"老二"。

不可否认，这种听上去有些古怪的哲学的确非常高明，所谓"天塌下来，也是先砸个子高的"。做"老大"的确很体面，很风光，但是也很容易成为众矢之的，聪明人都能了解其中的意味。所以，在我们不具备足够的实力成为"老大"的时候，还是安安稳稳地做"老二"比较好。

在鱼龙混杂的娱乐圈，刘德华可谓是真正的"常青树，不老松"。面对业内异常激烈的竞争和各种是非恩怨，他依然可以左右逢源，与各方面保持着良好的合作关系，这与他信奉"老二"哲学有着紧密关系。

出道几十年，华仔很少去争"天王"，也很少扮演"老大"的形象。就算面对媒体，他也总是一副小弟的样子。在大众眼中，华仔做人做事都很低调，尽管获奖无数，可从不把第一当做自己的目标。他说："我是一个传统的人，不会刻意去争第一。你问我电影有没有跑到第一名？我没有。你问我唱歌有没有跑到第一名？我没有。或许两样我都只是第二名，但是在全能比赛中，加起来就是第一名了。"

这是一个很有意思的理论："老二"加"老二"等于"老大"。也就是说，能从容坐稳"老大"这个位子的，往往是那些甘愿做"老二"，以及懂得如何做"老二"的人。

因此，对于任何一个想要有所作为的人来说，必须学会摆正"老大"与"老二"的位置，同时也要清楚地知道自己什么时候适合什么位置。该做"老二"时，就踏踏实实地做"老二"，不要有多余的念头。其实，做"老二"没什么不好，前面永远有个目标可以让自己去超越。而做"老大"就没那么轻松了，不仅树大招风，还要忍受无敌

41

手的寂寞。

当有人劝曹操做皇帝时，他却说："我不当皇帝，当周公！"几千年来，这种"以退为进"的思维，显然已经成了大部分人政治谋略的基本模式：心里想着前台，身子却在后台。这种模式既可以很好地保全自己，又可以在关键时刻挺身而出，进可攻，退可守，十分符合"君子不立于危墙之下"的人生哲学。

纵观古今中外，那些只顾表面神气，不管背后危机，一心想着称王称霸的，不管是个人还是国家，最终都会饱受狂风巨浪的冲击。

争夺第一展现的是勇气，甘居第二流露的是智慧。懂得把自己放在"老二"的位置上，做一名务实的跟跑者，从一定意义上讲，或许才是一种更为实际更为明智的策略。

5. 不要挑战老板的权威

职场是一个等级制度森严的地方，无论是员工还是领导，都有仅属于自己的一个岗位。履行职责、完成工作任务是不用多说的，工作不努力、努力不到位是绝对不行的。但有时候，我们的思想太超前，工作太卖力，真正做到"想领导所想，思领导所思，谋领导所谋"，似乎也不一定就是好事。

如果你可以想到老板想的，做到老板做的，那还要老板干什么呢？岂不是以实际行动向老板宣战吗？这样一来，即便只是你的无意之举，也会被老板误会为"别有用心"、"另有所图"。到时候，真是跳进黄河也洗不清了！

李莫嫣在一家时装杂志社做编辑。这天，她接到新一期杂志封面模特打来的电话，说要找主编。恰巧当时主编不在，李莫嫣便要对方留话，表示自己可以向主编转达。于是，对方便说："之前主编送给我的杂志都被别人拿走了，我想再跟主编要几本。"听到只是小事，李莫嫣想都没想就答应下来，并要她有空过来拿。

其实，这种事在编辑部里经常发生，虽然超出了规定，但为了同模特保持密切的关系，主编一般都不会拒绝。

在模特取走杂志后，李莫嫣没有第一时间向主编汇报，因为在她看来，这只是一件微不足道的小事，没必要去烦主编。不过，没多久主编还是知道了这件事，并以工作需要为由，将李莫嫣调去了发行部。可是，李莫嫣对发行一窍不通，也完全没有热情，无奈之下唯有主动辞职。

或许直到辞职的那天，李莫嫣都想不明白：为什么好好的，主编会将自己调离熟悉的编辑岗位？其实，这就是无意间"挑战上级权威"的下场。孔子曾提到："过犹不及。"意思就是"什么事情做过了头，还不如不做"。由此可见，孔子早在两千多年前就已经洞悉了一切，这份真知灼见实在令人佩服。

你可以说老板"小气"，但事实始终是事实。在职场中，人情并不占上风，关键还是要看"游戏规则"。如果把该做的事情做过了头，往往就会在不自觉中挑战了老板的权威，触犯了游戏规则。一旦被老板发现，必然会踢你出局，以保证自己的安全。

不要站在老板的位置上"指点江山"，即便你所做的事情对老板有利，也有可能被误解为在"别有用心"地侵犯他的尊严，无视他的权威。其实，就算是平级的同事之间，也不一定能忍受，更何况是老板呢！尽管指手画脚的感觉不错，可若是因为享受一时而葬送了自己的前途，就划不来了。

在工作中，无论你与老板的关系多么亲密，也不要逾越下级与上级的界限，你需要做的只是提建议和执行命令，那些该是老板来决策的事情，一定要留给老板拍板。即使是芝麻大的小事，赶上老板不在身边，你也要及时请示，不要轻举妄动。即使你确定老板的处理方法跟你的完全一致，也必须得到老板的授权之后再行动，这样你在老板看来才不会那么碍眼。

龚健在公司做老板的助理秘书已经有 8 年时间了，一直勤勤恳恳，兢兢业业，深得老板赏识。

这天，老板一走进办公室，就着急地对龚健说："上周我让你给中祎置业发传真，中止合作还将人家奚落了一顿，真是有欠考虑。你快把电话告诉我，我必须亲自向人家道歉。"

看着满头大汗的老板，龚健得意地说："那个传真我没发。"老板一愣，龚健继续解释道："我也认为传真的内容不妥当，想让您再考虑考虑，所以就没发。"

老板又问："那我让你发给新加坡总部的几封电邮，发了没有？""恩，发了。您放心，我知道什么该发，什么不该发。"龚健忙着手头的工作，没有抬头，也没有看到老板脸上难看的表情。

不一会儿，老板气冲冲地走出办公室。随后，龚健就接到了人力资源部主任的电话，通知他被解雇了。一头雾水的龚健找到老板询问原因："为什么解雇我？难道我做错了吗？"老板淡淡地说："办公室里有一个老板就足够了！"

千万不要擅自替老板拿主意，尽管你根本无意站在老板位置上，尽管你做的事情都是为了公司，尽管你觉得换了老板也同样会这么做……可是，你却忽略了老板在意的并不是你做事的结果，而是你取代了他的位置，卖掉了原本属于他的人情。

或许你在创业初期就跟随老板一起走南闯北，或许你曾经为公司立下汗马功劳，或许你跟老板亲如兄弟、情同手足……但千万不要因为这些而产生错觉，以为自己有特权，甚至可以跟老板平起平坐。当你发现老板吩咐你执行的决策不是很合理时，不要贸然指出老板的错误，更不要擅自改变老板的决定，最好能婉转地向老板说明情况，做出善意的提醒，将后果一一阐明。能力允许的话不妨再加上自己的合理化建议，全权交给老板定夺。如果老板意识到自己错了，那么必然就会授权你负责处理。如果老板没有采纳你的建议，坚持按原方案执行，那么你就只管执行。日后老板发现自己错了，也不会找你的麻烦，反而还会在暗地里对你刮目相看。

要知道，一个人的处事风格由身份地位决定。如果你只是普通员工，那么就算你有天大的本事，你也不过是个小喽啰。就算老板是个白痴，也是公司的最高决策者。所以，为了保全自己的利益，为了获得老板的青睐，对于自己的位置，我们必须准确地拿捏。这样一来，老板才会放心地将一些重要的事情交给我们处理。慢慢地，我们自身的价值才能得以体现。

6. 明确定位，在适合自己的位置上努力

在当今职场，大多数上班族面临的最大问题，恐怕就是没有明确定位，找不到适合自己的位置。工作几年的人会发现，自己初涉职场时所制定的计划，根本赶不上变幻莫测的时代。所以，你当务之急是要明确自己在职场中的定位，然后再进行职业规划，找到最适合自己的位置，并付诸努力，方能逐步接近成功。

面对愈演愈烈的人才竞争，好的机会往往转瞬即逝。只有明确自己职场定位的人，才有可能在职业生涯发展的过程中，少走一些弯路。根据自己制定的目标，不放过每一个可以得到发展的机会，持续提高自身的能力，在不断变化的职场中如鱼得水。

邵帅大学毕业后应聘到一家知名公司做营销主管，老板对他很器重，而他也很感激老板的知遇之恩，竭尽全力地为公司谋利。除了做好自己的本职工作，邵帅还帮老板搞了不少策划，为公司赚了点钱。老板自然不会亏待他，几年来薪水加了又加，从最开始的一千多涨到了四千多。

今年年初，由于人员调整，公司有了一个部门经理的空缺。同事们私底下都认为这个位子一定非邵帅莫属，他本人也是这样认为。可是，公布的名单却出乎大家意料，出任部门经理的是一个综合素质比邵帅差很多的年轻人。

这次受挫让邵帅有点接受不了，他非常伤心，觉得无论自己付出多少努力，老板也不会领情。因此，他的情绪大受影响，业绩一落千丈。老板甚至对他提出了警告，希望他以后注意调整自己的情绪。对此，邵帅很烦，便找自己的哥们儿诉苦。

本来哥们儿十分羡慕邵帅的工作，可如今他竟然来找自己诉苦。"就这么点事呀？我还以为什么呢！"在听完邵帅的讲述后，哥们儿说道，"你不过是老板手底下的一个员工，不管怎么说，老板就是老板。在他眼里，你所有的努力都是应当应分的，要不凭什么拿高薪呢？"

回到家，邵帅想了一夜，终于想通了。第二天，他依旧像从前那样努力地工作着，把升职的问题完全抛到了脑后。

半年之后，老板果然任命邵帅到另一个更为重要的部门出任经理，

并告诉他:"其实,上次那个职位我原本也想用你的。可是,考虑到有点大材小用,便换了别人,想着如今这个重要部门会更需要你。"邵帅恍然大悟,他感激地打电话给哥们儿:"多亏有你跟我说了那番话,不但让我获得了一个职位,更使我懂得了在职场摆正自己位置的重要性。"

事实上,在职场中真正能做到明确定位以及完全做不到明确定位的人都只是少数,绝大多数人则属于中间状态:不满意目前的工作,又懒得重新去找,去适应。倘若你可以准确地运用职场定位来判断,就可以省去"好高骛远"的过程,也没必要去追求那些不切实际的所谓理想工作了。

李白狂放不羁,一心希望能为朝廷效力,然而却苦于得不到重用。试问,贵妃捧砚,力士脱靴,在当时那个黑暗的官场,怎能容得下像他这样一个如此张扬的人?

于是,他选择了离开,从此浪迹天涯。那句"安能摧眉折腰事权贵,使我不得开心颜"足以让后人领悟到人生的最高价值。

李白选择了适合自己的位置,成就了无数流传千古的名句。

鲁迅弃医从文,用手中的笔揭露了黑暗的旧社会吃人的本质,点醒了中国人民麻木的神经,向全世界证明了文字也可以比手术刀更尖锐的事实。

他的人生是属于文学的!几声呐喊,几度彷徨,他成功地用笔杆子为中国的解放作出了贡献。最终,他成为一代文学大师,成为近代史上值得铭记的人。

鲁迅找到了适合自己的位置,将自己毕生的心血都倾注在了一页页书稿之中,留给后人深深的思考。

霍金全身瘫痪,却凭借仅剩的两根手指和一个大脑,成为世界上最伟大的物理学家之一。他从来没有放弃自己的生命,并通过自己顽强的意志,从事着自己最爱的事业。

霍金在最适合自己的位置上坚持着,解开了一个又一个科学的谜团,向我们展示着生命的奇迹。

"鹰击长空,鱼翔浅底",它们都找到了适合自己的位置,并付出最大的努力,让自然界变得丰富多彩。我们也必须如此,明确自己的定位,在适合自己的位置上努力,这样的人生才充满意义。

7. 稍作休整，为了能走得更远

俗话说："职场角逐，不进则退。"假如上司在毫无预兆的情况下提出升你的职，你会同意吗？或许这将是一个绝佳的机会，让你在职业生涯中向前迈进了一步。若是按照常规思维推断，恐怕你应该开心得手舞足蹈才对。然而，在当今职场却有相当一部分人，宁愿选择原地踏步甚至后退一步，也不愿意前进。

别误会，这些人可不同于日本的"混混族"。根据今年的"职场期望"调查，我们可以看出，尽管升职加薪、换一份自己喜欢的工作等依旧是大部分职场人士的期望，可是明确表示自己不愿升职甚至想体面降职的人也不少。他们在职场打拼的时间集中在 10 年左右，有些人已经小有成就，对于生活质量的关注渐渐取代了曾经对事业的追求；有些人正处于人生的特殊时期，权衡利弊之后选择暂时退出激烈竞争；还有些人则是纯粹为了停下脚步，让自己稍作休息，以便将来走得更快更远……不再前进，只是战略性的决定，并非最终结果。

经过十年的努力，如今 35 岁的托德是一家公司的高级客户经理，掌管着一条流水线的业务。对于忙碌的工作，他显然已经驾轻就熟。

去年年初，公司刚刚传出要升他到另一个区域，做执行经理的消息，托德却突然递交申请，要求停薪留职。年底复职后，他被调到了公司一个不起眼的部门做经理，不管是职务级别还是薪金待遇都比原来降低了。朋友都替他不值，然而托德却冒出了一句："很高兴能有机会在'被人遗忘的角落'里韬光养晦。"

虽然托德职位降了，权力少了，薪水低了，但是这些并没有影响他及整个家庭的开支；而且悠闲的工作更有利于他进一步提升自身的价值；对于自己被调去的新部门，他认为尽管现在还不起眼，未来的发展前景却十分可观。

托德向妻子感慨道："都说职场不进则退，我看也不尽然。有时候退一步海阔天空，前进的道路不应该是单一化，而必须是多元化的。再说，工作只是人生的一部分。现在趁着空闲，可以将之前为了打拼而放

47

弃的生活乐趣找回来，还能有更多的时间陪你和孩子，生活似乎更加完美了。"

每个人的职场之路都免不了要历经坎坷，遭遇挫折。此时，我们往往会鼓励自己说："前途是光明的，道路才是曲折的。黄河入海，尚有九曲十八弯的过程，更何况是我们?"所以，不管面前是高山还是峡谷，都不是终点。

如果累了，就不要再急着向前赶路，停下来休息片刻，欣赏一下周围的景色，调整好自己的状态。不要简单地以为驻足就是停滞，降职就是倒退，而要认识到这些行为背后的真正目的。

在某知名网站从事媒体公关工作的柯凡春做了一个大胆的决定：辞去公关经理一职，跳槽到一家日企公关部做普通职员。"薪水差得不多，就是职位降了。从前是公关经理，手下管着四五个员工。如今成光杆司令了，工作量倒增加了三倍。"柯凡春笑着说，"之所以这样选择，是因为新岗位在公司中处于核心地位，很有发展。"

原来，之前他已经在网站做媒体公关经理四年了。可是，由于该部门处于网站的边缘地带，每次评先进优秀都轮不到，公司高层也很少注意到他们。柯凡春认为，在以销售为主的网站里，即使自己再优秀，也不过是媒体公关，很难有出彩的地方。当然，决定来新单位之前，他也经历过一番深思熟虑，毕竟要从普通职员做起，相当于放弃之前的成绩。"我犹豫过，可是朋友劝我说，这家公司的领导很器重这个部门，应该会很有发展。"柯凡春乐观地说，"实际工作后，我也感觉到这一点。每次撰写新闻稿，或者是与媒体共同承办活动，公司的领导基本都会参与并提出意见。"

眼下，高层领导中有个副总很赏识柯凡春的才华，相信他距离升职也不远了。

没有谁能永远一帆风顺，生命往往只有在大起大落中，才能完成升华的过程。重要的不是起落本身，而是我们看待起落的态度。先降职后升职，说白了正是一种以退为进的职场策略。

为了跳得更远，我们往往会先向后退一步。为了积蓄更大的能量再次出击，我们往往会先收起拳头。所谓"临渊羡鱼，不如退而结网"，人生中随时随地都可能会出现问题，如果你懂得挑选适当的时机，明智地掩盖住自己的锋芒，转身，向后退……你会发现，当你再次转回来的时候，已积聚了更多的能量，拥有了更强大的竞争力。

8. 要想职场升职，首先自己"升值"

我们每个人都渴望成功，渴望得到上司的器重，渴望在职场上获得晋升的机会……然而，机会不可能从天而降，它们似乎更青睐于那些有备而来的人。伴随着今天快节奏的生活，房子、金子、票子等等一切曾经保值的事物都面临着折旧的危险，更不用说原本就瞬息万变的知识以及日新月异的技术了。

试想一下：你纵横职场多年，始终兢兢业业，忠于职守，可是却不曾得到过领导的提拔；而一个初涉职场的年轻人，则凭借其掌握的技术，成为了你的顶头上司。此时，你是否会觉得领导有失公正？是否会为自己多年来的付出打抱不平？是否会就此一蹶不振？或者，你更应该尝试调整好心态，尽力去弥补自己匮乏的知识，紧跟时代的步伐，为未来的升职做足准备。

美国的职业专家通过研究指出：如今"职业知识技能"的半衰期越来越短，折旧速度越来越快。一个人想要在时刻充满变数的职场中立足，妄想凭借曾经赖以生存的知识和技能争取到升职加薪的机会，恐怕就像是痴人说梦，天方夜谭。即使是老板身边的红人，倘若不注重知识更新，不学习先进技术，不提升自身价值的话，也必定会被淘汰。

简单地说，升职从你的"升值"开始。

杰科是某钟表厂资历较深的员工，主要任务是在生产线上为手表配好零件。每天，他都卖力地工作，一干就是十年，不仅技术娴熟，而且效率很高，几乎没有出过差错。因此，杰科每年都会被评选为优秀员工。

后来，随着技术不断改良，生产线也逐渐完善，不少配件安装都采用机械操作。钟表厂与时俱进，也购置了一套通过电脑操作来完成组装的自动化生产线。一时间，不懂电脑操作的杰科成了厂里多余的人，优秀员工要下岗了。

在他收拾好东西准备离开时，厂长却要跟他谈谈。"其实，引进新

49

设备的计划，早在几年前我就告诉全厂职工了。目的就是希望大家能有危机感，同时也想给大家足够的时间去准备。"在充分肯定杰科过去十年的工作态度和成绩后，厂长惋惜地说，"假如当年你得知厂里即将更换设备之后，能意识到自己需要提升的部分，并抓紧时间补救，相信今天以你的能力，完全可以胜任更高的职位，我也不会舍得让你走。"

就算你是企业中挑大梁的员工，也决不能满足于现状，放弃进修。要知道，在你的四周，潜伏着很多有威胁的对手。一旦你有所懈怠，便会被这些对手超越，从而错过晋升的机会。

学习是一个人完成自我超越的永恒动力。事实上，没有学问的人往往并不无知，反倒是那些不肯继续学习提高自己的人显得更加愚蠢。如果你希望自己能有一番作为，那么用一生的时间来学习绝对没错。须知"山外有山，人外有人"，学习是一个持续不断积累的过程，不管学知识还是技能，都必须一步一个脚印地坚持下去。

面对职场愈演愈烈的竞争，我们必须保持对行业发展状况的高度敏感，第一时间获取最新的知识情报，进而完善并熟练掌握最新的专业技能。这样一来，不仅可以维持我们旺盛的生命力，也不会降低工作效率。当我们的综合能力得到大幅提升时，自然就会获得升职的机会。

相信吗？今天，斯亚建筑工程公司的执行副经理奥利勒，在成为建筑大师之前，不过是一名普通的送水工人。

一次偶然的机会，奥利勒成为一支建筑队的送水工。与其他送水工不同的是，当别人蹲在墙角抽烟和抱怨的时候，奥利勒却主动地将水灌满每一位工人的水壶，同时也饶有兴趣地听他们讲述建筑工地的种种工作。如此与众不同的奥利勒，很快就引起了建筑队长的注意。

两个礼拜之后，建筑队正式聘请奥利勒为计时员。他依旧像从前一样勤奋努力地工作，经常向技术人员请教各种问题。他每天早出晚归，很快对建筑工地上的所有程序了如指掌。以至于工人们在施工过程中遇到了问题，而负责人又恰好不在，总是习惯征求奥利勒的意见。

由于勤奋好学，奥利勒自身的能力得到了很大的提高，逐渐成了工地上不可或缺的人物，再往后更是被选为公司的执行经理。然而，权力和地位的提升，没能阻止他对建筑知识的渴求。奥利勒依然十分专注于学习积累，并报考了大学的建筑系培训班，最终成了赫赫有名的建筑大师。

正所谓："书山有路勤为径，学海无涯苦作舟。"人生就好像是一场竞走比赛，在发令枪响后领先的选手，并不一定就是最终的胜利者，还要看他是否懂得合理安排时间、分配体力，以及是否善于为自己充电，补充能量，持续不断地提升自己的价值。

难道你真的可以长期浸泡在一份没有挑战的工作中，眼睁睁地看着自己霉变吗？难道你真的不怕继续不思进取，会失去老板的欣赏，失去机遇的垂青吗？绝大部分时间，在职场上打拼的人们都会遵循"不进即退"的原则。因此，如果你的理想是攀登职业生涯的顶峰，那么，就请你在下班后、假期里以及一切空闲的时间，返回"课堂"，为自己的将来赴一场知识的盛宴吧！

哲学家苏格拉底曾说："我唯一知道的一件事情，就是我自己什么也不知道！"一个人，只有保持这种谦逊的态度，敢于向任何人请教，才能不断发掘自己的潜力，一步一步迈进成功的殿堂。

第二部分　苦劳不计较

第四章　多付出才有多收获——得失不计较

1. 想要得到，先要舍得付出

身在职场，学历太低不可怕，从业经验为零也不可怕，甚至能力不够突出还是不可怕……最可怕的是你不舍得付出，不愿意付出。要知道，天上不会掉馅饼，想得到就必须先付出，这是人生恒久不变的真理。

很多人都会羡慕那些已经取得成功的人，但是，千万不要简单地将其归功于运气。如果你有幸亲眼目睹人家所付出的心血和努力，或许你就能深刻体会到成功是多么的来之不易。就算真有一点运气的成分在里面，那也是上天对他们曾经无私付出所给予的奖励。生活中，越是努力的人，运气就越好；职场上，越舍得付出的人，得到的就越多。

林华涛就是这样一个肯努力付出的人。在短短的三年时间里，他先由普通职员晋升为部门经理，后又被派遣到下属分公司出任总经理。如今，他仍然没有停止付出，始终以超越老板期望值的标准严格要求着自己。

到公司不久，林华涛就注意到，每天所有人都下班回家了，老板却还会留在办公室里工作到很晚。他想，要是老板需要帮忙的话，这么晚了肯定找不到人。于是，他便决定每天下班后都留下来，只为了在关键时刻能帮上老板的忙。

　　果然，老板办公时，经常需要找文件，打印材料，发传真等，最初这些工作都是他亲自来做，但是这一天，他却意外地发现林华涛没有回家，而是在随时等待自己的召唤。从那以后，老板便逐渐养成了有需要找林华涛的习惯。

　　要想在工作上得到更多的回报，就必须先准备好不计酬劳地付出。就拿下班后自告奋勇留在办公室、随时等待老板传召的林华涛来说，尽管这些额外的付出并没有给他带来实际的收益，可是能让老板随时看到自己，在需要时给予老板真心诚意的帮助，自然更容易获得老板的青睐，以至于最终有了提升的机会。所以，在工作中不要过分地计较得失，所谓"功到自然成"，你为公司付出的一切，大家都会看在眼里。

　　事实上，很多人之所以不被重用，往往就是因为缺少付出精神，对于一些不属于自己的工作视而不见。在他们看来，能出色地完成本职工作就可以了，没必要再自找麻烦。于是，对于领导下达的额外工作，这些人通常都会毫不犹豫地选择拒绝，并且根本认识不到自己有何不妥。有时候，这些人也会碍于面子，不好意思拒绝，只能勉强答应下来，但同时心里也产生了一股怨气，对工作也是一通敷衍，结果只能是费力不讨好。

　　而成功的人则恰恰与之相反，他们会欣然接受领导亲自部署的各项工作，并且高质量地完成。因为他们知道，这时往往才是自己表现能力的大好契机，当然要做到尽善尽美。这也正是为什么大家同在一家公司，有的人能深得老板喜欢，有的人却总是被忽略，甚至被打入冷宫的真实原因。

　　柯金斯曾经担任过福特汽车公司的总经理。这一天，总公司有非常紧急的事情要传达，需要尽快给所有营业处下发通告。由于时间紧，任务急，秘书一个人不可能很快完成。所以，柯金斯只好临时从其他岗位抽调一些员工予以协助。当他安排一个书记员去帮忙套信封时，却意外地遭到了拒绝。书记员很不耐烦地说："我有权拒绝，公司雇佣我不是来套信封的，那不是我的工作。"

　　本来就已经很着急的柯金斯，听了这话非常生气。他严厉地说："公司花钱雇佣你，就是需要你在关键时刻付出劳动。既然你认为有绝对不属于你的工作，那么请另谋高就吧！"于是，这个不肯多付出一点的员工失去了工作。

要知道，一个吝惜付出的人，就算不被炒鱿鱼，也不可能得到重用，他的职业生涯也必定会举步维艰，难有出头之日。而一个舍得付出的人，就算资格不是最老，能力不算最强，也会得到老板的肯定，拥有良好的声誉。这笔无形的资产将会成为你征战职场的有力武器，为日后的成功打下坚实的基础。

通过大量的事实，我们不难看出，虽然付出不一定能得到回报，但不付出肯定得不到回报。在工作中，只要我们能比领导提出的要求多付出一点点，相信我们的前途就会发生巨大的改变。想要得到，就必须先舍得付出！为了自己的职业生涯能更加顺利、更加快速地发展，不要那么小气，不要犹犹豫豫。慷慨大方地去付出吧，生活绝不会辜负一个舍得付出的人。

2. 努力工作，迟早会有回报

假如你希望自己只需要待在家里，躺在床上，高额的薪水就会自动送上门来，那么恐怕没有工作可以实现你的愿望。假如你妄想不付出任何努力，就能获得丰厚的回报，那么恐怕没有公司可以满足你的奢望。这是因为，在得到之前，无论是谁都没有不必付出的特权。

不妨环顾一下我们的周围，那些升职快、薪水高、福利好的人，是不是工作最努力，表现最突出，最不计较个人得失的呢？想成为一名优秀的员工，就决不能在困难面前低头，更不可以被付出吓倒。倘若你面对劳动闪躲了，面对工作逃避了，面对付出缩手缩脚了，那么回报也会放慢脚步，对你退避三舍。

职场就像人生的缩影，你的命运不在上司手里，不在同事手里，而是完全掌握在你自己的手里。在你埋怨没有得到回报之前，请先确定自己是不是已经全身心地付出了。

赖鸿轩刚毕业那年，曾应某电视台的邀请去主持一个特别节目。之后，导演认为他很有文采，于是又要他扛起了编剧的活。

可是，等到节目录制完成，赖鸿轩不仅没有领到自己作为编剧的酬劳，就连之前谈好的主持出场费也被导演扣去了一半。"你签收两千，但实际我只能给你一千，因为这个节目已经透支了。"导演边说边将收据递了过来。赖鸿轩没有吭声，以后，这个导演又先后找过他几次，每次都是按照最初的方式完成了节目。

年末的最后一次合作，赖鸿轩发现导演不但没扣钱，反而对自己十分客气。经过打听才知道，原来是台里的新闻组领导看中了赖鸿轩，决定培养他成为一名新闻主播。

那以后，赖鸿轩忙了起来，但偶尔还会在台里与导演相遇。或许是由于心虚，导演总是担心这个年轻人会找领导告自己一状。有一次，他终于忍不住了，尴尬地笑着问赖鸿轩是否还介意从前的事，谁知，赖鸿轩却摆摆手说："看您说的，那都是我自愿的。"

导演很好奇，赖鸿轩接着说："我觉得，不管在哪里工作，都不能上来就死盯着薪水不放，怎么着也要先干了再说。只要通过自己的努力，做出了成绩，薪水自然就会提高的。"

不管三七二十一，先干了再说！工作，只有真正付出劳动了，才会得到结果。想在职场中谋求发展，我们必须先闯出一片天地，取得一点成绩，然后再去要求升职或加薪，这样底气才会更足，成功的几率才会更高。

也许直到今天为止，你已经在最初的工作岗位上待了许多年，身边那些曾经与你同在一个战壕的战友们，早已经升迁的升迁，加薪的加薪，只剩下你还在原地踏步。此时，千万不要将结果怪罪到领导头上，而是有必要好好地反省一下自己：这些年在岗位上的表现是不是足够出色呢？工作中还有哪些不周到的地方是亟待改进的？要知道，能力强只是吸引领导眼球的一方面，付出更是获取领导赏识的法宝。

萧越是某机械制造厂的技术员，在同一个车间里，他与其他二三十名同事的主要工作，就是负责特种零部件加工。

绝大多数员工每天都是卡着钟点进出车间，而萧越则总是比他们早来或晚走十来分钟。清晨，他会在其他同事到来之前，检查一下流水线能否正常工作，并将其启动预热；在其他同事还没有到来时，先检查一下机床，将机床启动预热；黄昏，他会在其余同事离开之后，检查流水线各个环节是否完全停止工作，将相关物品归位，并简单清洗一下机器。

这一切都在车间规章制度和领导安排之外，是萧越自己认为有必要做的工作。很多同事不理解，劝他没必要这样，因为老板根本看不到，既不会升萧越的职，也不会多给他发一毛钱。对于这些善意的提醒，萧越通常不会说什么，只是笑笑。

时间一天天地过去，萧越始终风雨无阻地坚持着默默付出。然而，这一切早已被车间主任看在眼里，并上报给老板，所有知情者都对这个小伙子赞不绝口。不久，车间主任在每周例行的员工大会上公开表扬了萧越，并正式提拔他做车间的质检部主管。

一个人的成功，是需要多方面因素共同作用才得以产生的。我们不能只是盯着自己的家庭背景和自身条件，这些的确是不可逆转，但却是可以通过后天的努力弥补的。另外，我们也不要过于关注金钱、关系等社会因素对成就的影响，这些虽然占有重要的位置，但却是可以用其他因素来代替的。最终取得成功、获得荣誉、得到回报的人，不会在逆境中退缩，也不会在挫折后绝望。他们选择在失败的时候，再次尝试，因为如果在这个时候放弃努力，放弃付出，就永远也无法赢得最终的胜利。

总而言之，我们在付出之前绝不要过分地关注结果，不管做工作也好，谈恋爱也罢，都是要先付出，之后才有资格问结果。无论是升职还是加薪，都毫无疑问需要建立在你干出成绩的基础上。只有努力付出，成功才会如影随形。如果在尚未付出任何行动之前，你便开始提要求，讲条件，与老板讨价还价，那么，恐怕真的连去干的机会都得不到了。

3. 雷锋与阿甘，从不怕吃亏和"傻"中得益

或许我们很难想象，"吃亏"、"傻"竟然可以与"杰出"、"成功"画上等号。也许你会问："既然吃了那么多的亏，这人肯定有点傻，怎么还能成功呢？"然而事实上，因为吃亏而变得杰出，因为傻而取得成功的人比比皆是。

从小老师就教导我们"向雷锋叔叔学习"，毛主席也曾经亲笔为雷锋题词，更是把每年的3月5日定为"学雷锋日"。由此可见，雷锋的

一生是杰出的！尽管他的一生都不曾大富大贵，可是他那些不怕吃亏、不斤斤计较的事迹，直到今天我们仍然没有忘记，还有什么比让人民永远记住更了不起的呢？

新中国成立前，雷锋是一名孤儿，新中国成立后在党和政府的关怀下，他才读书参加工作。对于自己的工作，雷锋从来不计较是分内还是分外，是干多了还是干少了，吃亏了还是占便宜了，只要是力所能及，他都会尽最大的努力。当公务员时是这样，当工人时是这样，成为解放军战士以后仍然是这样。

在望城县委机关，他承包了所有办公室、会议室的卫生，还负责为全体工作人员打开水，打扫走廊；在治沩工地上，他不仅每天奔波几十里送信，还充当编外质检员，自觉监督工程质量；在鞍钢，雷锋所在的推土机班组本不用派人参与炼钢，但他还是利用下班时间主动加入其中，尽管一天要上两个班，可雷锋仍然是干劲十足，不知疲倦；在部队，雷锋帮助战友补习文化知识，帮他们拆洗被褥、缝补衣服，主动打扫卫生、淘厕所，义务为战友理发，到后勤帮厨……这一切的一切并没有人吩咐他去做，也没有一分一毫的报酬。然而，雷锋却坚持这么做了，一做就做了一辈子。

很多人认为雷锋是个"傻子"，因为他净干些让自己吃亏的事。他们哪里知道，在雷锋"不怕吃亏，乐于付出"的背后，其实深藏着人生的大智慧。正所谓"吃亏是福"，从某种意义上讲，"亏"与"不亏"是相对的。雷锋的一生做过很多捐款捐物、助人为乐的好事，他自己省吃俭用，却对别人慷慨解囊，无私奉献。乍一看是吃了亏，可也正是由于这些"吃亏的傻事"，彻底改变了雷锋的命运，使他得到了更丰厚的回报。

有一年，雷锋捐出了自己攒了一年多的 20 元钱，帮县委购买拖拉机。鉴于雷锋一贯的表现以及为购买拖拉机做出的贡献，县委决定派他去农场学习驾驶。在 20 世纪 50 年代，拖拉机是农业机械化的象征，能成为一名拖拉机手，更是会惹来不少羡慕的眼光。这笔捐款改变了雷锋的命运，不仅从事着人人向往的"神圣职业"，更为他日后在鞍钢开推土机，到部队后成为汽车兵奠定了基础。

参军后，雷锋所在部队连续收到两封地方寄来的表扬信，都是表扬雷锋拿出自己的积蓄支援灾区重建的事迹。当时，这件事引起了部队领导的重视。在了解到雷锋的凄惨身世之后，上级派人开始整理他的事迹，并让雷锋写材料，做报告，报纸上也开始频繁地报道。

就这样，雷锋"红"了！都说"做好事不难，难的是一辈子做好事"，就这样做了一辈子好事的雷锋，没有惊天动地的壮举，也没有气吞山河的伟绩，更不知道富贵二字的含义，但对于他来说，"吃亏"又何尝不是一种福气？这种"傻"又何尝不能与"杰出"画上等号呢？

而电影《阿甘正传》的主角阿甘，一个智商仅有75，上小学都很困难的人，却凭借着自己独有的智慧，取得了无数次的成功，还当上了百万富翁，赢得了甜美幸福的爱情。而那些自认为比阿甘"聪明"得多的人却到处碰壁，这似乎是对"聪明"的一种讽刺，实际上这正是在向人们宣传一种高于"聪明"的人生智慧。

虽然没有平常人的那些小聪明，但在阿甘简单的头脑里，却拥有着大智慧。他经常说的一句话就是："妈妈告诉我，人生就像一盒巧克力，你永远都不知道下一块是什么味儿。"

不难总结，阿甘的成功其实正是受益于他不如平常人那么"聪明"，也不懂得斤斤计较，患得患失；他所能做的只有简单地坚持，对挫折和失败视而不见，也不去计较赔了还是赚了，值得还是不值得，仅仅是"傻乎乎"，又很认真地干下去……所以，当他的捕虾船每次打捞上来，都是水底那些杂物时，并没有就此放弃，或是转行干别的，而是仍然坚持一次又一次地将网撒下去，直到成功。就像阿甘自己说的，"你永远都不知道下一块巧克力是什么味儿"，所以也没有人能知道下一网打捞上来的会是什么！

从雷锋与阿甘身上，我们可以发现一些相似的地方：他们都将生活简化了，比不上寻常人那么精明，更没有"聪明人"的心计和城府，不懂得计较得失，只是不停地坚持做着自己认为对的事情。世界在我们眼中就像一张色彩鲜艳而繁杂的招贴画，而在他们眼中却简单得仿佛一张质朴的黑白报，纯净、灿烂，正如他们的心境。

有人倡导我们应该学习阿Q，用精神胜利法找到心理的平衡。然而，事实证明，我们更应该学习雷锋，学习阿甘，学习他们那种不断自我激励，永远力争上游的精神。

在职场，"傻"、"吃亏"经常被我们提起，并且绝大多数人都不会选择自己认为傻的工作。或许是我们还没有意识到，自己怀才不遇或处处碰壁的原因是否正在于此呢？很多时候，"傻"还是"不傻"并不像外人所看到的那样。所以，我们应该给自己一个准确的定位，认认真真地完成本职工作，担负起属于自己责任，这样才能更准确地找到事业的突破口，让自己的职场生涯更加畅通无阻。

如果每个公司都能有很多像雷锋或阿甘这样的"傻"员工，那么老板们也就没有现在这么大的压力和烦恼了。由此可见，成为"傻"员工，无论对公司还是个人来说，都是绝对稀有珍贵的资源，也是一笔数目可观的财富。

要知道，天下没有免费的午餐，天上更不会有馅饼掉下来。我们只有靠着今天的辛苦和勤奋，才可能创造出辉煌的前途和美好的未来。

4. 别只做上司给你安排的事

还没到下班时间，你已经闲得没事可干。同事问你为何这么清闲？你的回答是："老板安排的工作都完成了啊！"相信有这样想法的员工，每个公司都不在少数。或许你认为，只要做完老板安排的工作就已经做到最好了。但若是想要收获更多，除了完成老板安排的工作外，你还必须主动承担一些分外的需要你去做的事。

成功的机会总是在寻找那些能够主动找事做的人。只是可惜，大多数人根本意识不到这一点。在我们的人生旅途中，早已习惯了等待：等到老师点名才起立回答问题，等到妈妈发令才关上电脑上床睡觉，等到老板一样样地安排才知道工作内容……倘若我们能主动一点，不再等待，或许一切都会有所改变。只有当你主动真诚地为别人提供有价值的服务时，才能收获更大的成功。

卡耐基曾经说过："有两种人永远将一事无成，一种是除非别人要他去做，否则，绝不主动去做事的人；另一种则是即使别人要他去做，也做不好事的人。那些不需要别人催促就会主动去做应该做的事而且不会半途而废的人必将成功。"

今天，布恩已经是一家公司的总裁了，但他的成功经历确实非常坎坷。读大学时，他做过许多工作：修理过自行车，卖过旧书籍，做过家教、收银员、出纳等等。后来为了换取学费，他还帮别人打扫过院子，整理过房间。

曾经，布恩认为这些工作既单调又无聊，所以根本不会主动地认真去做。但是后来，他发现自己的想法完全错了。事实上，这些看似零散的工作给了他许多宝贵的教训。不管今后从事什么样的工作，都能从这段经历中学到不少经验。

如今他成了一名管理者，却依然像原来那样主动地找事做，尽管那并不是他的工作。这些主动不仅让布恩与众不同，也为他的成功铺就了一条道路。

有成功潜质的人，总是会主动比别人多付出一点点，主动为自己争取更大的进步。在他们心中很清楚一件事，只有积极主动地工作，才会让雇主得到惊喜；只有比原来承诺的更多，才能获得升职加薪的良机。

如果你可以在工作中顺利完成每一项工作，并且全部达到老板的要求，那么很不错，你绝对可以称得上是一位称职的员工。不仅不会失业，或许还有机会得到提拔，只是你永远不能留给老板留深刻的印象，永远也无法成为老板重点培养对的象，永远没有机会在这家公司中攀爬到你事业的顶点。唯有超过老板对你的期望，才能让他眼前一亮，将你牢记在心，将来遇到一些高难度工作时，说不定会想起你，赐给你一个绝佳的锻炼机会。

一家外贸公司的老板到美国办事，并且要在一个国际性的商务会议上发表演说。身边的几名要员忙得头昏眼花，钱彧负责草拟演讲稿，刘思辰负责拟订与美国公司谈判的方案。

老板临行前夕，各部门主管都来送行。有人问钱彧："你负责的文件打好了没有？"钱彧睁着惺忪的睡眼说道："只睡了4小时，实在熬不住了。反正我负责的文件是英文撰写，老板看不懂英文，在飞机上不可能复读一遍。等他上飞机后，我回公司把文件打好，再发邮件给他，肯定来得及。"

谁知，老板刚一来，头一件事就是向钱彧要文件和数据，他只好把刚刚的话又给老板重复了一遍，结果老板脸色大变："怎么会这样？我已经计划好利用在飞机上的时间，与同行的外籍顾问研究一下自己的报告和数据，不至于白白浪费坐飞机的时间呢！"钱或哑口无言。

到了美国，老板与要员一同研究了刘思辰的谈判方案，觉得整个方案既全面又有针对性，包括了对方的背景调查，也包括了谈判中可能发生的问题，还包括如何选择谈判地点等很多细致的因素……这就大大超过了老板和众人的期望，谁都没见到过这么完备而有针对性的方案。尽管后来的谈判很艰苦，可是由于对各种细致的问题早有准备，所以老板还是胜利而归。

回国后，老板立刻提拔了刘思辰，而钱或自然也受到了冷落。

如果你想获得更多，就不能只完成上司吩咐的工作，还要在时间上、质量上都尽量超过上司的期望，提前出色地完成任务。要知道，所有老板心中完成任务最理想的日期永远是：昨天。老板通常不会明确要求员工主动工作，或提前完成任务，而你却必须明白，老板雇你来，是为企业创造最大利益的，所以你应该随时随地进行思考，尽快采取行动。

在工作中，只要我们发现有事要做，无论其是否为分内之事，都应该主动出击。主动，不仅可以让你在工作锻炼自我、充实自我、完善自我，而且还能增加你的表现机会，让你的才华充分展现，让你在平凡的工作中脱颖而出。

搞明白其中道理之后，就主动去做需要你做的事情吧，不要干等着老板或上司再来安排，自己的人生自己做主不是更好？当你全力以赴地完成需要你做的工作时，自然会得到高的回报。

5. 在今天的工作中改进昨天的不足

在工作中，总是有人抱着"付出少，得到多"的思想。其实，"不劳而获"只是人们不切实际的幻想。无论在工作中，还是在生活中，不逃避困难，用于付诸行动去改正不足，才是我们最好的选择。

每个清晨，在走出家门抵达办公室的路上，我们都要暗下决心，力求今天能更好地完成工作，至少要比昨天出色；每天傍晚，在离开办公室或其他工作场所前，我们都要暗自反省，希望明天能更合理地安排一切，至少比今天妥当。相信这样乐于付出的人，在业务上必定会取得惊人的成就。

吴胤生长在一个并不富裕的家庭，由于弟弟妹妹较多，身为长子的他不得不放弃念大学的机会，到百货公司打工。吴胤不甘心自己的一生就这样默默无闻地度过，在工作中仍然不间断学习，想尽一切办法充实自己，试图改变自己的工作境况。

经过几个月的细心观察，吴胤注意到，对于那些进口商品的账单，经理总是特别小心地检查，原因是那些账单多数是德文和法文。于是，吴胤便开始利用每天上班的空闲，仔细研究那些账单的组成，并努力学习与这些商务文件有关的德文和法文。

有一天，他看到经理面对一摞厚厚的账单，露出十分疲惫的神情，便主动要求协助。经理感激不尽，同时也惊讶地发现自己的手下还有这样一员猛将，干得如此出色，以后所有的账单自然都交由他接手。

半年后，吴胤被通知去见老总。"我干这行已经40多年了，据我观察，你是唯一一个每天都在要求进步，要求改变的员工。"老总称赞地说，"从公司成立那天开始，我一直都想物色一个像你这样的助手，因为外贸工作比较繁杂，需要的知识也很庞杂，对适应能力的要求也特别高。现在，我决定把这个任务交给你，相信你一定不会让我失望。"

尽管对这项业务一窍不通，可吴胤还是凭着对工作认真负责的精神，不断提高自己的能力，弥补自己的不足。没多久，他已经完全胜任了这项工作，成了老总身边的红人。

在美国流传着一句谚语："通往失败的路上，处处都是错失的机会。"为什么会错失这些机会，走向失败呢？原因就是我们害怕付出努力，害怕承担责任，害怕有所改变……殊不知，只有那些善于思考，勇于尝试，不计较得失的人，才能在今天弥补昨天的不足，抓住每一个天赐良机，顺势而上，成长为企业需要的卓越人才。

或许你跟大多数人一样，认为改变可以是一项一蹴而就的工程，认为只要在关键的时刻努力付出就够了，没必要每一天都紧绷着神经。然而，想着很容易，做起来就难了！俗话说"一口吃不成胖子"，随时随地地付出，一点一滴的努力，循序渐进的提高才是成功的关键。

"今天，我该从哪方面开始改进自己的工作？"如果你能在每天踏进办公室之前，向自己提这个问题，那么你的工作就一定会有进步，你的努力也一定能显现功效；如果你能在今后的工作中，将这个问题当做自己的格言，那么你就有可能前途无量；如果你能随时随地用这个问题来督促自己，努力付出，不计收获，改正不足，不断进步，那么你的工作能力就会达到一般人难以企及的程度。

事实上，每个人都希望自己能向好的一面发展。尤其在工作中，不断提升自己的价值，获得老板的认可更是每个人梦寐以求的。那么，究竟该从何处下手呢？

一般说来，你必须改变固有的思维方式，真正认识到付出的重要性，保证自己拥有良好的心态和十足的动力。如果将人生比作一个漫长的旅程，那么工作便是不可或缺的一段游历。收获并不是职场的全部，当你重新审视了自己的得失观念，改进了自己的思维方式，提升了自己的控制能力之后，就会摸索出获得成功的规律以及方法。

布留索夫曾经说过："如果可能，那就走在时代的前面；如果不可能，那就绝不要落在时代的后面。"在今天这个以知识经济为主的时代，一个人想要获得成功，就一定要懂得付出，要善于捕捉新动态，掌握新技巧。只有这样，才能够不断地充实和提高自己，并且适应工作和时代的要求。

我们的身体之所以保持健康，是因为体内的血液无时无刻不在更新。同理，作为公司的一名职员，只有不断地付出，才能不断地收获；只有丢掉旧的，才能得到新的；只有每天改进一点不足，将来才能成就完美。

6. "我只是打工的"，最忌讳这样抱怨

"公司是别人的，我只不过是打工罢了，有必要那么拼命吗？"相信这句话一定道出了很多职场人的心声。在他们看来，工作不过是一种谋生的手段，无论干多干少，都是在为老板做嫁衣，与自己毫不相干。只要保证不犯错误，踏踏实实地熬到月底，足额领到自己的薪水，就算功德圆满了。

不错，从表面上看，我们按时上下班，参加大小会议，脑子不停地转，手里不停地算，整天忙忙碌碌……的确都是在为公司招揽生意，创

造利润。但是，事实上，我们不是也通过完成这些工作，展示了自己的才华，成就了自己的梦想吗？这样说来，我们岂不是也在为自己工作？

如果你非要将自己划入打工者的行列，没有热情，不肯付出，那么你就注定永远只能是工作的奴隶，不会有发展，也不会取得成就。

泰迪和凯文在同一家工厂里做事。每天下午，时钟刚刚指向六点，泰迪就结束手上的工作，麻利地换好衣服，第一个冲到打卡机前面准备下班。而凯文却总是不慌不忙地将手上的工作完成，再仔细检查一遍，确定没有问题了才最后一个打卡离开。

一天，两个人在酒吧聊天，泰迪耷拉着脸对凯文说："兄弟，你让我们大家很没面子。"

面对同事的指责，凯文有些疑惑。

"你的做法会让老板以为我们不够努力。"泰迪停顿了一下，接着说："要知道，我们只不过是在为别人工作，何必那么认真！"

"不错，我们的确在为老板工作。"凯文肯定地说，"但我们更是在为自己的梦想工作。"

在任何一家企业都不乏这样的员工：他们每天会准时出现在办公室，但却不能及时完成手头的工作；他们住得比较远，每天都披星戴月，但却对不起耽搁在路上的时间；他们只负责上班时间坐在位置上，但却无法管住自己"调皮"的思想；他们接受一切命令，但却敷衍了事，不顾结果……毫无疑问，这些人已经被打工者的心态深深地毒害了。

正所谓"心态造就人生"。那些不思进取，得过且过，怀有"打工心态"的人，永远都做不成老板；那些牢骚满腹，抱怨频频，怀有怨妇心态的人，永远也当不了英雄。

在朋友眼中，帕兰德是一个能力很强、才华出众的年轻人。可若是有人问起工作，他总是漫不经心地说："凑合吧，公司又不是我的，打工罢了！要是我有了自己的公司，一定投入全部精力，夜以继日地奋斗，保证比我上司强。"

终于，帕兰德在一年之后辞去了自己的工作，独立创办了一家广告公司。在聚会上，他踌躇满志地向朋友们宣布："一个崭新的时代即将到来，我会很用心很勤奋地去工作，因为它是属于我的。"

但是，仅仅过了半年不到的时间，帕兰德就结束了自己的时代，重新开始了为别人打工的生活。他给出的理由是："自己开公司事情太多、太麻烦、太复杂，根本不符合我的性格。"

为别人打工时没有激情，完全被动，还信誓旦旦地扬言说："如果我做了老板，就怎样怎样……"似乎此人天生就是做领导的材料。可怎知道，当了老板之后依旧是老样子，结果只能退回原点，继续为别人打工，真是可叹、可悲、可笑。

原来，一个缺乏敬业精神，懒惰又随性的人，不管从事哪种行业，也不管是打工还是创业，都注定毫无作为。

要知道，端正良好的工作态度，是一个人获得成功的关键。所有在职场取得成绩的人，都持有积极向上的人生态度。为别人打工时，他们坚强乐观，是最出色的助手；自己当老板后，他们严谨认真，是最优秀的管理者。

所以，不要再抱怨自己的工作不如意，也不要再计较自己付出太多而得到太少。我们最需要的，是唤醒自己心中沉睡已久的主人翁精神，赶走打工心态，在努力工作的同时完善自己，持续小小的坚持，收获大大的成功。

7. 比别人多做一点，成功便近在眼前

不管是在工作上还是在生活中，我们都对成功有着迫切的渴望。然而，面对急剧上升的人口数字就能明白，渴望成功的又何止自己呢？别人不比自己笨，自己也不比别人精明，那么，要凭借什么才能使自己比别人更加优秀更加成功呢？有办法，只要我们比别人多做一点！

有人说："不曾付出艰辛，就不会有成就。"想在激烈的职场竞争中取胜，单凭全心全意地付出，尽职尽责地完成任务还是不够的，无论你是企业的管理者还是执行者，都需要有"比别人多做一点"的工作态度。

尽管多做占用你更多的时间，消耗你更多的精力，可是，你多做的行为，必定会得到上司、同事以及客户的关注与信任，为自己赢得良好声誉的同时，还能获得更多的发展机会。所以，想取得成功，除了努力

工作之外，再没有第二条路可走。

在美国，有一个从事汽车销售的业务员。无论什么时间进行排名，他在公司的销售榜单上总是名列第一。有人好奇地问他："为什么你总能得第一名？有什么绝招吗？"业务员笑着回答："很简单，因为我每个月都会想方设法比第二名多卖出一部车子。"

是的，其实成功就是这么简单，只需要比别人多做一点，哪怕只是多卖出一部车，成功也是属于你的。

在现实生活中，成功者与失败者的区别往往也正在于此。成功者总是很乐意自己能比别人多做一点，因为比别人多做一点，就会接触到更多的知识，积累更多的经验，获得更多的机会；而失败者却总是担心自己吃亏，恨不得能少做一点才好，最终只能甘于平庸。

宋言均成长在一个十分困难的家庭，初中毕业就从农村进城打工。很快，他在某搬运公司找到了一份工作。为人憨厚的宋言均经常被别人欺负，凡是没人愿意干的活，领导肯定会找他做。而他也不在乎，觉得既然大伙都搬不动，自己力气大一点，理所应当多做一点。

就这样，宋言均每天都比别人多干很多活，他的任劳任怨和诚实憨厚都被老板一一看在眼里，记在心上。

半年之后，老板将宋言均从搬运工升为计数和填单，可是他的工资并没有提高多少，仍然只有 300 多元钱，是上一任工资的一半。有些老工人劝宋言均向老板提出加薪，但他自己却很满足。想到自己是老板从这么多人中间破格提拔的，感谢老板还来不及呢。因此，宋言均工作起来比以前更加努力了，做的总是比老板要求的多一点点。没过多久，他被老板提升为出纳，工资也从 300 元涨到了 1500 多元。

或许我们不可能百分之百钟情于自己的工作，但由于与生俱来的荣誉感，以及对成功的渴望，我们通常都会尽可能地让自己爱上眼前的工作。只要能除去心理上的厌恶情绪，工作自然就会显得轻松很多。别说多做一点，就是多做很多点也绝对没问题。

当然，在绝大多数时间，我们完全没有必要比别人多做许多，只需要一点点就足以在竞争中取胜。有了成绩，腰杆也就挺直了，所有人都会对我们刮目相看。此时，如果你继续多做一点小事，便可以从原本枯燥乏味的工作中，体会到一种前所未有的喜悦，属于你一个人的喜悦。

让我们都生活得简单一点，不要把多做看成吃亏。要知道，只要我们诚恳地展现自己的能力与才华，保持"比别人多做一点"的工作态度，就会发现，原来成功已经近在眼前。

8. 将"要我做"转化成"我要做"

世界上，没有人能确保你今生肯定会有所作为，除了你自己；世界上，也没有人能阻碍你今世应该取得的成就，除了你自己。

成功的人很早就参透了"靠自己"的道理。在职场中，没有人会要你做什么，也没有人会求你成功，除非你要做，你要成功。然而，在现实生活里，很多接受过高等教育、才华横溢的年轻人，都得不到晋升的机会。专家分析，主要原因就在于：他们不懂得反思，并且逐渐形成了嘲弄、抱怨、吹毛求疵等很多恶习，根本无法独立自发地做任何事，只有在被迫和监督的情况下才能勉强工作。

看看身边那些对待工作无比热情的家伙，他们总能挖掘出新的机会；而那些被动等待领导下命令的人，以及那些对待任务推三阻四的人，则很难获得成功，因为他们在拒绝工作的同时，也拒绝了机会。

所谓"主动"就是：不用等别人来告诉你要做什么，你就先向别人提出我要做什么；不用等别人教给你该怎么做，你就可以出色地完成任务。只有主动的员工，才会带给上司惊喜；只有比承诺付出更多的员工，才会得到上司重用。如果你一直唯唯诺诺，安守本分，对公司未来的发展毫不关心，那么除了领到自己应得的薪水之外，你当然不可能获得额外的奖励，也不会有晋升的机会。

从前，有个很严厉的主人准离家一段日子。临行前，他将自己的三个仆人召集起来，根据平时的观察，分别给了他们每人一袋钱币，没有交代什么就启程了。

第一个仆人领到了 5000 个钱币，他用这些钱做买卖，结果又赚到了 5000 个钱币；第二个仆人领到了 2000 个钱币，他用这些钱搞投资，结果又赚到了 2000 个钱币；第三个仆人领到了 1000 个钱币，他在后院挖了个洞，把钱埋了起来。

没多久，主人回来了。三个仆人分别交出了自己的成绩单：第一个仆人和第二个仆人将额外赚到的钱币献上，得到了主人的称赞和奖赏；而第三个仆人却战战兢兢地从洞里挖出那袋钱，对主人说："我领教过您的严厉，很怕把钱弄丢，所以就埋了起来。现在这些钱分文不少，都在这里了……"

"你这个又笨又懒的家伙！起码也应该把我的钱币存进银行，等我回来，也可以收点利息，怎么会愚蠢到将它们埋起来呢？"主人大怒，同时吩咐自己的管家夺过他手中的 1000 个钱币，交给第一个仆人。

在主人没有明确指令的情况下，能主动将 5000 钱币变为 1 万钱币的人当然就是最优秀的仆人。如果我们能有意识地主动去挖掘自身潜能，那么，渐渐地便会同身边的碌碌无为者拉开距离，这个距离就是优秀和卓越。

不管你此时此刻从事的是什么工作，立即、主动都是必不可少的素质。只有积极主动的人，才能够不放过任何一个转瞬即逝的机会；也只有积极主动的人，才能够在最短的时间里将自己的想法落实在具体的细节当中。

那些主动喊着"我要做……"的人，通常都比较善于跳出劳动合同的束缚，他们不会过分看重这件事是否在自己的职责以外，而是会首先审视这件事是否很棘手，需要自己立刻处理。其实，有很多因素完全可以在行动过程中再逐一考虑和完善，关键的是你已经主动地开始做了。哪怕事情很小，哪怕用时很短，也绝对会是个良好的开始。

梁茵茵在外企做文员，由于大老板一贯崇尚节俭的生活作风，以至于连办公室内的打印纸，也被要求充分利用，"正反"两面都使用后，才可处理。

这天，保洁阿姨请假没有上班，办公室主任看梁茵茵手头没什么工作，便吩咐她将一摞单面用过的打印纸，按规格分类，以方便再次使用。当时，尽管梁茵茵很不屑地应和着，可心里却琢磨：那不是我的工作，过两天再干也是一样。

谁知，就在第二天，当办公室主任耷拉着脸，十分不悦地从梁茵茵桌上抱走那摞纸，开始自己整理时，梁茵茵这才意识到了事情的严重性，只是为时已晚。不久，公司进行裁员，梁茵茵自然列在其中。

即便有一家公司愿意将规章制度设计得足够详细，足够精致，相信也不可能完全涵盖每一个职员的具体工作。在职场，难免会有很多突发状况，此时找不到任何相关规定，员工手册中也没有明确指出这些临时事件该由谁来负责。不管怎样，事情是必须有人去做的。此时，若是被指派的人产生"凭什么是我""为什么不是她"等类似的想法，那么可以肯定，这个人不会有太大的作为。

要知道，斤斤计较、患得患失的人在任何一个团体中，都很难有出头之日。只有当你主动真诚地为别人提供服务的时候，成功才会随之而来。

天下所有的老板都在寻找能够主动做事的员工，并且十分愿意根据这些人的表现来给予相应的回报。所以，优秀的员工都明白一个道理：与其被动服从，不如主动行动。

身在职场，我们不能让自己闲下来；不能被动地依赖上级和同事；更不能在"等待命令"的过程中，将自己的潜能彻底冰冻，沉入海底。想要升职加薪，千万不能把"要我做……"当成行动的前提。要知道，机会往往更偏爱以"我要做……"为出发点的人。不管面前的工作多么单调乏味，你也不可以怀着忍受的心态去对待，而要像优秀的员工那样，主动地去接受任务并且超额完成，坚信积极地去付出，定会帮助你在事业上取得非凡的成绩。

第五章　只管做好事不问"钱程"——薪水不计较

1. 给多少钱 ≠ 干多少活

"给这么点钱？还指望我上刀山下油锅，一天二十四小时都拼命地干活？笑话！""凭什么呀！拿多少钱，出多少力，我已经够委屈自己的了。"……在职场中，我们经常听到类似这样的抱怨，好像工作真的可以完全等同于交易：老板出多少钱，员工就卖多少力。在他们眼中，只看到自己做了多少事情，或完成了多少工作，却从来不考虑事情的结果怎样？工作的质量如何？而且，一旦他们认为，所付出的劳动超过了心中自己主观设定的界限，便会爆发不平衡心态，开始抱怨、诅咒、发牢骚等等。

这种打工心态在当今社会十分普遍，人们最期待的是干最少的活，拿最多的钱，生怕自己付出得太多，让老板占了便宜。

一家排名世界 500 强企业的老总，曾经向公司里的一名职员提出这样一个问题："如果公司每月支付你 1000 元酬劳，那么，你应该做多少工作才合适呢？"

职员毫不犹豫地回答："公司支付给我 1000 元，我当然就要为公司做 1000 元的事了。"

"倘若事实果真如此……我想，公司必须开除你。"老总摇了摇头，"表面上看，支付给你 1000 元酬劳，换取你完成 1000 元的工作，是很合理。不过站在公司的角度，这样一来岂不是没有利润？要是再加上水、电、办公用品等等开销，恐怕还要赔钱。所以，只好解雇你了。"

或许你会时常问自己："到底怎么做，才能让自己的薪水翻倍？"如果你还没找到答案，那么不妨试试这样问自己："应该怎么做，才能让自己的工作价值提升十倍？"若是你肯换一个角度来提问，加薪应该会变得更容易一些。

进入二十一世纪，人们曾经崇尚的物有所值早已无法满足社会的需求，各行各业都在寻找综合能力突出的高素质人才。如果你希望自己的事业能够持续稳定地发展，如果你渴望拥有一个光芒四射的前程，那么别无选择，你必须使自己物超所值。也就是说，你要想办法提升自己所创造的价值，让它尽可能多地超过老板支付给你的薪水。

例如，你希望老板加 500 元薪水给你，也就意味着你要为企业完成5000 元的工作。只要你做到了，相信老板也不会吝啬那区区 500 元的。假如你只完成了 500 元的工作，连等价交换都谈不上，又有什么理由要求老板给你加薪呢？所以，作为一名员工，一定要想方设法地为公司创造利润，同时也要努力提高自己创造利润的能力。

"给多少钱干多少活"的时代已经过去，如今，你必须相信，只要你有足够强的能力，可以给公司创造丰厚效益，老板就不可能亏待你！

有这样一株可以结果的苹果树：

第一年，它结出了 20 个苹果，主人拿走了 19 个，自己得到 1 个。苹果树认为很不公平，对此非常气愤。于是，它毅然自断经脉，拒绝成长。

第二年，苹果树仅结出了 10 个苹果，主人拿走了 9 个，自己得到 1个。虽然苹果树自己得到的并没有增多，但它依然暗自得意，因为这次主人只从它身上拿走了 9 个，比去年少了 10 个。

谁知第三年，主人就把苹果树砍倒了，因为它在主人眼里已经没有任何价值。其实，苹果树原本可以继续成长，如果第二年，它结 100 个果子；第三年结 1000 个……或许主人依旧会拿走 99 个或者 999 个，可主人却会对苹果树爱护有加，而不会砍了它。

有很多人在职场上也像这棵苹果树一样，过于计较失去的果实，从而失去了茁壮成长的机会。殊不知，对于自己来说，最重要的并不是一开始能得到多少果实，而是成长本身。如果你只把工作当成是一种等价交换，那么你失去的将是美好的未来。

那些为了贪图眼前利益，不惜断送自己美好前程的人，似乎更像是穿越时空，专程来为我们上演现代版买椟还珠的演员。虽然领到了满意的报酬，但却失去了更为珍贵的前途。

想想看，难道我们真的是在替别人工作吗？难道我们多付出一点，就吃了天大的亏了吗？老板既然雇佣你，当然会为你所做的工作支付报酬。只不过，他付给你的薪水肯定要低于你所创造的价值，这一点毋庸置疑！毕竟老板开的不是慈善机构，他也要生存，还要负担公司各个方面的开销。如果连我们依靠的大树都无法获得足够的养料，那么靠着大树的我们恐怕也只有死路一条。

平常总是提到换位思考，假如今天坐在老板椅上的是你，面对一个"给多少钱，干多少活"的员工，你又会作何感想呢？身为老板，听到这话是不是也会有些酸楚和不舒服呢？

2. 如果你是老板，你会给自己加薪吗

面对日趋激烈的职场竞争，面对高高上扬的物价曲线，面对父母昂贵的医药费……你是否仍然坚持表示满意自己的薪水呢？想必大多数人都是不满意的。尤其对于工薪阶层来说，生存的压力使得加薪一词突然间敏感起来，成了老板与员工心中共同的痛。如果你是老板，你会给自己加薪吗？

相信加薪是每个员工的梦想，可真正提出来的又有几个人呢？即使壮着胆子提了，老板就肯定会答应吗？如果老板不答应，那么问题究竟出在哪里呢？或许，正是这一连串的"？"，让很多对薪水不满的人望而却步。正所谓"想想是种幸福，做做就有压力"。当你抱怨工资太低的时候，是不是也应该考虑一下，自己手中是否掌握着要求加薪的筹码呢？

身为员工，很少会有人主动站在老板的角度思考问题。然而，加薪是个例外，假如你想让老板给自己加薪，那么实在有必要了解清楚：到底是什么原因让老板犹豫不决，摇摆不定？顺便以此来审视一下，看自己是否已经具备申请加薪的条件。

在成功学的课堂上，一位在外企工作的职员向讲师抱怨说："我现在每月的薪水只有3000元，工作大半年了，可老板似乎压根也没想过给我加薪。现在，我一点积极性都找不到了。您说，我是不是应该跳槽，换一个更好的工作？"

讲师并没有直接回答，而是反问他："如果你是老板，有一位员工

跑来要求加薪，可他却不愿意多付出一些努力，你会同意给他加薪水吗？"那个职员回答："当然不会。"

讲师又接着问："如果还有一位员工，主动做了很多超过目前薪水范围的工作，你会不会考虑给他加薪呢？"职员回答："会考虑。"

最后，讲师问他："那么，你把自己归为哪一类员工呢？是第一类还是第二类？"那个职员顿时明白了，他意识到，如果自己是老板，也肯定不愿意给像自己这样，找不到任何理由的员工加薪的。

如今，有许多人关于加薪的问题之所以得不到解决，往往是因为他们在思考问题时，搞不清楚目的和初衷，总是本末倒置。既然你期望得到自己想要的结果，为什么不肯主动付出呢？一个不曾付出就梦想得到结果的人，是永远都不可能成功的。

老板是否同意给你加薪，所考虑的问题并不是物价飙升的速度，而是你为公司付出了多少，创造了多少，贡献了多少。这才是老板在你提出加薪要求的时候，重点斟酌的问题。由此可见，在和老板讨价还价之前，我们必须把本职工作做到最好。要知道，仅仅因为待遇或薪水上出现异议就消极怠工，绝对是下下策，这样做的结果很可能直接导致加薪不成，反丢工作。

想想看，老板怎么会为一个没有责任心的员工提高薪资待遇？如果你不是不可替代的员工，那么不如就乖乖地做好本分，在本职工作完成的前提下，再想办法提高自己在公司中的地位，让老板意识到你的重要。否则，长江后浪推前浪，在你身后有想法以及有能力取代你的人还多着呢。

说到底，公司不是政府的慈善机构，老板也不是慈善家。提及加薪，老板首先会考虑的问题是：你值不值？你适不适合？所以，你一定要站在老板的角度，给出这两个问题的答案。

不妨问问自己：是不是做到开源了呢？如果做到了，那么算算你为公司创造了多少财富？是不是做到节流了呢？如果做到了，那么再算算你为公司节省了多少财富？在老板看来，你所创造的财富越多，你自身的价值也就越大。

另外，你对公司的贡献足够多吗？你是否能用具体数据来证明你所谓的付出呢？如果老板答应了你提出的要求，对公司来说有何好处？你会给企业带来怎么样的变化？是不是有可能就此打破公司原有的薪酬体系和薪资平衡，从而引发其他员工的不满……千万不要被这些问题吓倒，不仅不能怕，你还要从这些问题中找到说服老板的充足理由，告诉他你值，你适合！

最后，你个人的重要性也是老板需要着重思考的问题。比如，你供职于 IT 企业的软件设计部门，而且工作非常出色，那么，你肯定就比同一家公司人力资源部门的同事更有理由提出加薪。因为你处在公司的核心部门，这一点是至关重要的。

正所谓市场决定价值，你值多少钱不是你自己说了算。如果你真的足够重要，那么老板为了留住你，甚至可能会主动提出为你加薪。反过来，如果你只是一个边缘小角色，多你一个不多，少你一个也不少的话，那么奉劝你还是老老实实地工作，不要贸然触及这个敏感的话题。

在职场中，如果你一直都没能获得晋升机会，也没有加薪成功，那么，希望你不要把所有的错误都归结为运气差，也不要认为老板是出于对自己的偏见，才诸多刁难。先静下心来想一想：如果你是老板，你会给自己加薪吗？

加薪不是一件随便的事，也不是一件平常的事，更不是一件容易的事。因此，想要加薪，请给自己也给老板找个有足够说服力的理由。真做到这一点，加薪便不再是问题！

3. 机会比薪水更重要

月薪 1 万和月薪 5000 的两份工作摆在你的眼前，你会更倾心于哪一个？相信大多数人应该都会毫不犹豫地选择 1 万，谁不想拿高薪呢？说白了，谁会跟钱有仇，嫌钱烫手呢？

然而在职场中，没有几个成功者一开始就站在事业的巅峰。他们也曾领过很低的薪水，并且每天工作十几个小时。比如，在阿里巴巴的很多硕士甚至博士，当年的工资也不过几百块钱而已。可是如今，他们都成了企业的领军人物，薪水也早已不可同日而语。这些巨大的改变源于机会。每一个成功的人都清楚，工作的目的不只为了薪水，好机会往往比高薪水更重要。

假设有两个员工：一个对工作精益求精，事事为公司利益着想；另一个喜欢投机取巧，老嫌自己薪水太低，总是把自己利益摆首位。如果你是老板，会更青睐于哪一个？或者说，更愿意把升职加薪的机会留给谁呢？

其实，对于年轻人来说，能在一个优秀企业获得学习知识、掌握技能的机会，远比短暂高薪重要得多。

卡罗·道恩斯本来是一名普通的银行职员，薪水虽然不高，但也足够满足温饱。后来，他出于兴趣改行到一家汽车公司，薪水只是原来的一半。因为喜欢这份工作，所以尽管薪水很低，他还是决定把握这次机会。

在工作中，道恩斯一直激情满满，从不偷懒。当同事们抱怨薪水太低，或跳槽到薪水高的公司时，道恩斯始终坚持留在这里，保持积极的工作热情。他很珍惜老板交给他的任务，在他看来，这些任务就是机会。

半年之后，道恩斯的业绩很突出，他想试试自己是否有提升的机会，便直接写信向老板毛遂自荐。得到的答复是："任命你负责监督新厂机器设备的安装工作，不保证加薪。"由于没有受过工程方面的培训，道恩斯根本看不懂图纸。可他不甘心放弃任何一个机会，哪怕不加薪水，也值得付出比往常更大的努力。于是，道恩斯发挥自己的领导才能，自己掏钱找了一些专业的技术人员完成安装工作，并且提前了一个星期。

结果，他不仅坐上了部门经理的位子，薪水也提高了整整 10 倍。后来，老板告诉他："其实，我知道你看不懂图纸，让你做的唯一理由就是你有一颗进取的心。若是你随便找个理由推掉这项工作，我真的会开除你。"

退休后，道恩斯担任南方政府联盟的顾问，年薪只有象征性的 1 美元。而他仍然不遗余力，乐此不疲，因为他懂得机会比薪水更重要。

一个人如果没有真材实料，那么再高的薪水也只能是昙花一现。只有获得提升能力的机会，才是拥有高薪的保障。

我们参加工作的目的绝不单单为了那一份薪水，更要看到工作背后的学习机会、成长机会、提升机会。其实，每一份工作中都隐藏着巨大的机会。只要你尽职尽责，坚持不懈，早晚会得到工作给予你的更多回报。不止是薪水会水涨船高，你的技能、社会经验、人格魅力，还有综合素质与个人修养，等等，都将得到很大的提升。与这些相比，薪水似乎就显得微不足道了。

放眼全球，你会发现世界上那些拥有财富的人，绝不是以赚钱为目标去工作的。他们往往更善于抓住机会，更懂得积攒一些价值不菲的能力。如果比尔·盖茨总是想着自己的薪水，那么他就不可能成为世界首富；如果李嘉诚只关心自己的收入，那么他也不可能成为华人首富。尽管世界上绝大多数人仍然在为薪水打工，可这并不代表你也要随波逐流。倘若你能干脆地拒绝为薪水工作，那么岂不是比别人更早迈向成功了吗？

初涉职场时，我们一定不要将薪水的高低作为择业的唯一判断标准，哪家薪水高就去哪家的想法是不可取的。你必须时刻提醒自己："现在工资低不要紧，我奋斗的目的是为了将来。只要能得到锻炼，得到提升，就有做下去的必要。"可以想象，倘若你在自己的岗位上一事无成，即便是再清闲、薪水再高的工作，恐怕也无法带给你成就感，更不可能体现你的人生价值，那么高薪岂不变成了一种负担？

与其过多地考虑自己的薪水，倒不如将这些时间用在锻炼技能，接受新知识，展现才华，抓住机遇等事情上。要知道，在你未来的资产中，这些才是无价之宝，它们的价值远远超过你眼下所计较的那点薪水。

当你从职场菜鸟成长为麻辣高管时，便会发现，自己之前所有的付出都是值得的。因为在未来任何一个岗位上，你都可以充分发挥自己的才能，从而取得更大的成功，获得更高的薪酬。

4. 高薪，来自于你"不可替代"的职业地位

"怎么才发这么点钱？"打住！先别忙着为自己的低薪水喊冤，仔细想一想，假如公司没有你会怎样？会受影响吗？会经营不下去吗？会关门大吉吗？

如果你觉得老板对自己不够重视，用一点可怜的薪水就把自己打发了，那只能是因为公司有你没你都无所谓，甚至你选择离职，老板还会

暗自庆幸："腾出一个空缺，可以招纳更优秀的人才了。"

想在职场立足，想领到数目可观的薪水，发挥我们独特的竞争优势是最重要的，具备他人没有的能力更是关键中的关键。所以，在你还没有确定自己是不是公司里可有可无的人物之前，别着急忙慌地抱怨，当务之急是增强自己的不可替代性，让自己变成公司的精英人物。

早期，美国福特汽车公司有一台大功率电机突然发生故障。经理请来许多工程师和专家"会诊"，仍然没能找出电机故障的原因。实在没辙，经理只好请来了德国的电机专家斯坦因门茨。

他应邀来到现场，看看电机，听听运行的声音……最后，在机器上用粉笔画了一条线，说道："把画线地方的线圈截掉 16 个单位。"于是，这台大功率电机很快恢复了正常运转。

经理感激地说："请问，修理费需要多少?"

斯坦因门茨答道："1 万美元。"

在场的专家和工程师都惊讶地吐着舌头："一条线值 1 万美元?"斯坦因门茨从经理手中接过修理费，对那个提出问题的专家说："用粉笔画一条线 1 美元，知道在哪里画线 9999 美元。"说完，就转身离开了。

"知道把线画在哪里"是斯坦因门茨能力价值的所在，就这一点来说，他的确是不可替代，别说 1 万美元，就是 2 万甚至 3 万，相信只要不超过那台机器的价值，经理也肯定会很乐意支付。

曾经有人说："我的工作是保卫国家军火库，这个岗位很重要，所以我的薪水也应该很高。"但是，很抱歉，这只能说明岗位确实重要，却不能代表你有多重要。就算换作别人，也一样可以站岗放哨。由此可见，你在工作中体现出来的价值并不高。如果换一种说法，这些重要的地方只有你能保卫，而别人却做不了，那么此时，你对于工作来说就会变得重要，收入也自然会提高。

竞争是每一个人赖以生存的法则，原地踏步，安于现状，就会被超越；发展缓慢，步调懒散，也会被超越；即便是不停前进，脱颖而出，仍然有可能被超越……好员工的价值不需要在老板或上司的施舍中体现，而是由自身能力的强弱来决定的。如果你缺乏足够出众的业绩支持，对于老板毫无重要性可言，那么你将随时都有会面临被社会淘汰的

第二部分 苦劳不计较

77

危险。

当然，不可替代的员工，从综合素质上来讲未必是最优秀的。之所以不可替代，是因为他们拥有自己独特的专长。俗话说："三百六十行，行行出状元。"任何一个企业，都需要各方面的人才，不同岗位之间都有相应的不可替代性。比如任劳任怨的保洁员、技术卓越的程序员、文笔出众的宣传员、热情周到的接待员、越挫越勇的业务员、头脑灵活的策划员等等，他们在自己的岗位上都是不可替代的。但若是交换一下，却要面临被开除的危险。

所以，想获得高薪，让自己变得重要，变得不可替代最关键的一步，就是明确自己擅长的工作，准确选择一个适合自己的职业，不断积累知识、经验，提升专业素质、能力，拓展自己在行业或专业领域内的声望和实力，将自己塑造成一把手。这样一来，你将会变得越来越不可替代，收入也会越来越高的。

你不妨好好想一想：假如明天离开公司，老板会真心实意地挽留你吗？假如明天离开岗位，公司会很快找到合适的人选来顶替吗？会不会因为暂时找不到接替的人而影响业务的正常开展呢？如果会，那么你的职业地位就比较高；如果不会，那么你的职业地位就比较低。

所以，想获得更高的薪水，我们当然要更努力地工作，为企业创造更多的利润。在提高自己能力的同时，也让自己变得更重要，成为领导心中不可或缺的一分子。于是，加薪的日子也就指日可待了。

5. 不满意薪水，用能力说话

学历对于一个人来说重要吗？重要！在应聘甚至入职初期，学历是公司对你做出初步评估的唯一参考。然而，学历真的那么重要吗？没那么重要！在知识更新近乎神速的今天，我们在学校里学的知识，很可能走到校门口就被淘汰了，根本来不及运用到实际工作中。

俗话说："学历只看三个月。"在任何一家公司里，一个平庸的博士往往是随时可以被换掉的，而一个有能力的专科生反倒可以平步青云。所以，别再做着一纸文凭闯天下的美梦了，想获得高薪，你需要用实实在在的能力来说话！

樊猛毕业于一所普通专科学院，学的是计算机专业。临近毕业那年，为了完成社会实习报告，樊猛在父亲的帮助下进了一家小有名气的科研机构。

第一天上班，他明显不太适应，只是傻傻地干坐着，而科研机构的领导也不敢贸然把工作交给他。后来，旁边一个在读研究生看不下去了，就把自己手头的活分了一个给他，说："不急，三天之内完成就行了。回头我帮你去跟领导说，写个实习鉴定应该不难！"

樊猛很感激这位师兄，接下来的三天，他几乎住在了单位，在规定时间内出色地完成了任务。当天上午，领导得知了整个过程，吃了一惊，对樊猛也开始刮目相看了。

随后，领导又交代给他几个任务，并且还缩短了时间。樊猛还是提前做完了所有工作，而且质量相当高。

实习期满，领导将鉴定交给樊猛，没有多说什么。但是不久，科研机构就派人来到他的学校，指明要跟樊猛签劳动合同。办公室主任非常诧异："您不是跟我开玩笑的吧？我这里还有好几个研究生都没着落呢，您却要一个普通的大专生而不要硕士生？"

"不是开玩笑，他能力很强！"科研机构的领导说，"能成大事。"

今天，当职场竞争越来越激烈，员工之间比拼的除了能力还是能力，人们挣的不再是资历薪、学历薪，而是能力薪！无论是应届大学毕业生还是工作多年经验丰富的老员工，要想获得高薪，就必须拥有被大家认可的能力，这才是决定薪水的唯一标准。

能力，可以在不知不觉中拉大人与人之间的差异。销售能力强的员工，能卖出更多的产品；懂得挑选千里马的伯乐，能为企业招贤纳士；医术高明的大夫，能更快地帮助病人解脱痛苦……说到底，工作还是要凭本事，靠实力的，那些仗着高学历、有关系、会耍嘴皮子的人，或许能风光一时，但日子久了还是会穿帮。

森林里的鸟儿们召开大会，公开选举国王。

孔雀站在枝头，得意地说："你们看，我的羽毛多漂亮，选我做国王吧。"底下的鸟儿们都被孔雀的诱人的翎毛迷住了，于是纷纷推举它当国王。

这时，乌鸦在一旁质疑道："孔雀，假如你做了国王，老鹰来攻击我们的时候，你能保护我们吗？"这句话提醒了大家，麻雀也问："对啊，你连飞都飞不起来，怎么保护我们呢？"喜鹊说："光有漂亮的羽毛有什么用，国王要有真本事才行啊！"

孔雀被问得一句话也答不出来，红着脸走开了。

很多时候，我们的高学历就像是孔雀身上漂亮的羽毛，起初还能引人注目，可时间长了，既不能很好地保护自己，又没能力给集体带来利益，除了中看之外还有什么用呢？企业需要的不是高学历的孔雀，而是能够展翅飞翔的雄鹰，能力才是最好的武器。

看看那些在高速公路出入口负责收费的工作人员，难道他们真的没有意识到，一旦将来像 ETC 这些不停车电子收费系统得到普及，自己的工作则可以完全被替代吗？而且，即便他们离开，过往的司机也不会怀念他们，反而会振臂高呼："以后过高速收费站再也不用停车排队了！"

不管你从前多么优秀，也不管你的学历有多高，一旦走入社会，步入职场，企业看重的都将是你的真实能力，如动手能力、沟通能力、理解能力、协作能力、实际操作能力、待人接物能力等，这些能力才是你在企业中的安身立命之本。

对薪水不满意之前，先看看自己的能力有没有达到领导的要求？是否配得上更高的薪水？在工作之余，不要放弃任何一个可以学习发展的机会；将学习与工作的时间按 4：6 来分配；尽量多利用工作的便捷条件，在实践中找出自己能力缺乏的地方，立即补救。善于总结才能不断提升，提升能力才是要求高薪的资本。

想要纵横职场，我们就必须化身为一块能循环吸水的海绵，在付出的同时，也要珍惜每一个可以吸收最新知识、掌握先进技能的机会，不断提高自己的个人能力，这样才能跟得上快节奏的生活，在职场立于不败之地。

6. 挑起责任的重担，你就永远不用担心权小和薪低

从古至今，无论是行走江湖的侠客，还是纵横职场的斗士，最终能突出重围，荣升领袖的，一定是那些勇于承担重责的人。这是因为，只

有那些在关键时刻挺身而出，敢于挑起责任重担的英雄，才有资格接受上天赋予他的更多使命。

当今职场，人才济济，如果你想脱颖而出，成为领导心目中的佼佼者，那么就必须具备勇于负责的精神。当你挑起责任的重担，体内的潜能就会被最大限度地开发出来，你会感觉到背后有一股源源不断的强大动力。它不仅会协助你为企业创造出更加辉煌的业绩，同时也会把你推向权力的至高点。这样一来，你的收入会节节攀升，职业前景也会一片光明，自然不必再为权小薪低而苦恼了。

英国首相温斯顿·丘吉尔曾经说过："伟大的代价就是责任。"我们不妨将其理解为：如果一个人担当的责任越大，那么他取得的成就也就越大。

艾柯卡是在克莱斯勒汽车公司背负巨额债务，眼看就要倒闭的情况下，出任该公司总裁的。此前，他并没有想过实际状况会是这样恶劣。坐在简陋的办公室里，艾柯卡有点后悔了。然而，强烈的责任心很快就颠覆了他的后悔。最终，"既来之则安之"的艾柯卡选择了承担责任，决心背水一战。

首先，他在公司内部进行了大刀阔斧的改革，解雇了多达33位高层管理人员，以及那些无所事事的员工。

其次，他高薪聘请了汽车行业领域里有头脑、懂策略的退休老将担任企业顾问，并认真听取了他们的建议。随后，艾柯卡着手于彻底改变公司原有形象，剔除一些不良作风和习惯，倡导"全员管理，人人有责"，要求所有员工都必须为"降低成本，提高质量"做出努力。

接着，他利用竞争对手所定位产品的价格、质量、外观设计等来激发员工的斗志。

最后，一切准备就绪，艾柯卡投入了1.5亿美元，作为产品的广告宣传费用。

另外，艾柯卡还向客户做出了惊人的承诺："汽车售出后的前三个月为试用，对于仍然坚持购买其他品牌汽车的客户，除返还一切费用，还将额外赠送50美元。"一个意外的承诺，换来的必定是更加意外的结果。试用期满退车的客户仅占0.2%，反倒是销售大厅内前来买车的人拥挤不堪。

两年后，克莱斯勒汽车公司终于扭亏为盈了。艾柯卡立即召开新闻发布会，目的在于赢得声誉，树立信心。第五年，公司股价急剧上涨，2600万增发股被抢购一空，融资总数史无前例地高达4.3亿美元。艾柯卡成功了，他的克莱斯勒即将腾飞了。

如果艾柯卡在得知克莱斯勒公司所面临的巨大困难后，没有选择承担拯救它的重大责任，而是随便找个借口离开，丢下这个烂摊子，那么他在躲避风险的同时，也将失去一个获得成就的机会。换句话说，正是这种敢于担当重任的精神，成就了艾柯卡传奇的一生。

或许你应该好好地反省一下自己，扪心自问：面对领导安排的每一项工作，你是否都认真对待，并承担起相应的责任了呢？尤其是那些工序复杂，难度又大，还需要冒风险的工作，你是勇敢地迎上去，还是为逃避而四处搜罗借口呢？要知道，只有勇于承担重大责任，包揽全部压力，才能使你的能力迅速得到提升；也只有解决了别人都无法解决的棘手问题，才能让领导放心地将重要任务交付于你。时间久了，接受任务与提升能力便会形成良性循环。这样一来，你在企业中的地位自然会上升，收入也会随之增加。

"能力越大，责任越大。"有的人不愿意将自己宝贵的时间全部投入到工作中，更不愿意占用下班以后的时间来思考工作问题。在他们看来，那样将会严重影响到自己的休闲娱乐生活。不错，一个人能力越强，担负的责任越大，付出的当然也就越多……影响休闲生活已经算是最低档的了。或许，这也是普通人对承担重大责任产生抵触情绪的主要原因。

明明有能力承担责任，却选择逃避，这样的人毫无疑问是不会拥有地位和权力的。除此之外，还有一些不愿意承担责任的人，他们的问题属于对自己的能力持怀疑态度，害怕自己会因为无法承担重任而连累大家一起陷入困境。然而事实上，每个人的体内都有很多尚未被发掘的潜能，你不妨也试着找找看吧。

天生内向的波比在一家银行做大客户经理。尽管人人都夸他优秀，可是他自己却不那么认为。

有一天，人力资源部通知他说，有个部门主管突然离职了，手头上留下很多需要立即处理的工作，希望波比能够暂时接管。事实上，人力资源部还曾经找过另外两位部门主管，可是两人都以业务繁忙为由推掉了。这事让波比感到很为难，因为他手里也有很多未处理的事情，况且自己从来没有尝试过同时做两份工，所以很担心胜任不了。左思右想了一会，波比觉得，既然人家这么信任自己，实在是没理由拒绝。于是，他答应接管那个部门的工作，并保证一定会尽力地做好。结果一天下来，波比忙得连喘气的时间都没有。他认为方法肯定有，只不过是自己还没找到。

下班后，波比开始考虑怎样提高工作效率，以及如何能在同一时间做好两份工作。总结了几点之后，他迅速制订了方案，第二天就采取了实际行动。例如，他提前吩咐秘书将汇报工作的时间安排在一起；对于不要紧、不着急、不重要的电话，也都安排在同一时间回复；普通的例会从原来的 30 分钟缩短至 10 分钟……如此一来，波比的工作效率明显提高，手头的两份工作也都相得益彰。

半年之后，银行总裁来视察工作，得知波比如此重全局，识大体，便决定将两个部门合二为一，由波比负责管理。

从咬牙挑起重担到被上级肯定，波比似乎变得更加自信，更加勇敢了。美国学者詹姆斯教授指出："一个人所发挥出的潜力与应该取得的成就相比，不过是很小的一部分能量罢了。"

只要你下定决心担负起重要责任，并付出努力去做好自己的工作，相信你收获的惊喜绝不仅仅是升职、加薪这么简单。或许，你会惊讶地发现，曾经那许许多多自己担心不能完成的任务，如今都圆满了，这便是小宇宙爆发的结果。

所以说，我们每个人都应该勇敢地去承担那些富有挑战性的工作。只有不断承担重大责任，我们才会成为企业的顶梁柱，从而拿到更高的薪水，取得更辉煌的成绩。

7. 创造更多的效益，才能领到更高的薪水

在市场竞争如此激烈的今天，你是否还在抱怨公司的福利不够好？是否还在计较自己的薪水不够高？却始终不曾问问自己："我到底为公司创造了多少效益？"要知道，我们每一个人领到的薪水、红利、年终

奖……都不是财务发的，也不是领导赐的，更不是大风刮来的，而是我们努力付出后获得的回报，是靠自己挣出来的！

请立即告别做一天和尚撞一天钟的日子吧，不要再浑浑噩噩地生活，不要再无所事事地工作了。身在职场，你必须明白"皮之不存，毛将焉附"的道理。如果你不思进取，甘于平庸，降低工作标准和效率，那么你所在的公司也会毫无活力。试问，在如此残酷的市场竞争中，一个没有生机，没有希望的企业，该怎样生存下去？又该怎样谋求发展呢？

答案是，无法生存，没有发展。公司没有效益，企业没有盈利，你的薪水自然也无从谈起。等到有朝一日，公司彻底垮掉，企业关门大吉，你失去的又何止是微不足道的薪水？恐怕还会失去立足社会之本，延续生命之源。

朗尼是一家纺织公司的销售代表，并且一直为自己保持领先的销售纪录感到自豪。他曾经不止一次地向老板讲述自己如何卖力地工作，如何劝说一位制造商签订货单……可每次，老板都只是点点头，没有朗尼预期的称赞和鼓励。

终于有一次，朗尼鼓起勇气问道："我们的工作是销售纺织品，不是吗？难道你对我的客户有什么意见吗？"

老板看着他说："朗尼，你不该把注意力全部集中到一个小小的制造商身上，这已经耗费了我们太多的时间和精力！拜托你，将重点转移到每单可以订3000码货物的大客户身上去吧！"

这下，朗尼完全领会了老板的意图。自己需要的，应该是那些能为公司带来大利润的客户。于是，他把手中一些较散的客户，转交给了一位新的经纪人，自己则腾出手来去努力寻找可以为公司带来巨大效益的客户。

最后，朗尼成功了。他不仅为公司赚到了是原来几十倍的利润，更为自己赚到了更加可观的收入，以及大好的前途。

当今社会，绝大多数公司或企业都是老板独资或集资兴办起来的，想要延续它的寿命，就必须获得效益。你必须明白，不管怎么说，一家公司成立的主要目的就是赚钱、获利。无论从事哪一行，你都必须想办法证明自己是公司不可或缺的资本，同时也要让老板清楚，你绝对有本事帮公司赚到钱。

波比·盖茨曾说："只有能为公司赚钱的人，才是公司最需要的人。"

不错！帮公司盈利，就是帮自己盈利；为企业创造财富，自己才能获得高薪！

你，明白了吗？

上海有一家以生产风扇、暖气等季节性较强的小电器为主的电器厂，赵丽颖在那里做促销督导，同时兼职市场调研等工作。

一年夏末秋初，正在云南出差的赵丽颖接到经理打来的电话，大意是公司打算于9月中旬在昆明召开"西南区域——冬季产品供销订货会"，希望她可以帮忙搜集西南区域几个主要省会城市，近10年来的冬季气象变化资料。

接到命令，赵丽颖立即从当地气象局买了一本关于气象变化曲线图的书，仔细研究起来。很快，她得出结论：西南区域几个主要省会城市，在接下来的这一年，会迎来一个冷冬。经过大致计算，她预计寒流将比往年提前10天左右达到。于是，赵丽颖连夜赶出了一份详细报告，建议公司加大电暖器生产量，同时还要比往年提早半个月投放市场。结果，公司因为这份及时的计划书，赚了近100万元。

有了这次经验，赵丽颖开始系统、深入地学习气象专业知识，还从气象部门那里为公司量身定做了几次气象信息资料，都因为抢得天时而大获成功。

由此可见，积极行动若是能与赚钱责任感有机结合起来，将会爆发出自己都难以预期的能量。

真正的人才，是那些懂得靠自己的成功为企业创造财富的人。崇尚个人英雄主义的时代已经过去了，即使你有过人的天赋、专业的技术，也不能表示你就是这家公司最有价值的员工。如今，能配得上这一称号的，只有那些目标长远、想法极具创意、能为公司谋取利益的员工，他们才是最棒的。

作为员工，为公司谋利是我们义不容辞的责任。假如你不甘心就这样平庸地生活，假如你希望拥有一份数目可观的薪水，假如你期待在竞争激烈的职场中有所发展……那么就务必牢记：为公司赚钱，帮公司获利才是最重要的。

8. 不要只为薪水而工作

有人说，工作是一种全身心的投入与付出；有人说，工作是一个创造物质财富，积累精神财富的过程；也有人说，工作是为社会做贡献的一种方式；还有人说，工作是维持生存状态和提高生活质量的手段……罗丹说："工作就是人生的价值，人生的欢乐，也是幸福之所在。"

假如闲来无事，你是否也会反复思考下面这几个问题：

此时此刻，我们的心满足吗？

这种满足是源于工作吗？

工作到底意味着什么？

我们工作的目的又是什么？

心理学家经过研究认为，如果你的满足感源于工作，那么就表示你认为自己的工作是很有意义的；若具体谈到工作的意义和价值是什么，答案则完全在于你赋予工作的定义。假如一个人将工作定义为时间与金钱的交易，恐怕还没开始上班，就感觉枯燥乏味了，不及时调整，此人便会沦为工作情绪的奴隶。假如另一个人将工作定义为劳动与物质报酬的等价交换，实在是太可悲了，日复一日机械地重复着，找不到精神支撑，此人将永远都是物质的奴隶。

倘若你步入社会参加工作，目的只是为了能多挣一些薪水，单纯地将工作当成解决自己生计的一种手段，那实在是得不偿失。要知道，薪水只不过是工作给予我们最直接的一种短期利益回报罢了，而那些在工作中学到的知识、积累的经验、掌握的方法等等更多的间接回报才是真正的无价之宝。我们要关注的是更多的间接回报，工资虽然是最直接的工作报酬，但它只能是短期的利益，在工作中所学到的知识、经验才是更重要的，才是真正的无价之宝。

要是我们可以领悟到工作的真谛，并且赋予它更深层的意义，那么相信就不会有人再去忍受工作，而全部变成享受工作了。正如尼采所说："当你了解了为什么之后，一切的一切就都能被接受了。"

程若曦刚刚考到会计证，在一家私企的财务部做出纳。领导觉得她很聪明，不希望人才流失，所以便承诺她："试用期半年，要是干得好，试用期过后就升职加薪。"

初来乍到的程若曦干劲十足，比起老员工来，她每天干的活只多不少。转眼两个月过去了，她感觉自己的水平已经很高了，在企业独当一面是绝对没问题的，所以薪水也没理由拖到半年后再涨……想到这里，程若曦有点失落。

尽管日后她没有跟任何人提过这件事，可在工作态度上却有了180°大转变。从前那个认真踏实、积极上进的程若曦不见了，取而代之的是一个办事拖沓、粗心马虎的小丫头。到了月底，由于要赶制财务报表，整个部门都需要留下加班。这时，程若曦跟总监说自己已经完成了工作，现在要回去了，完全不顾及集体中其他成员的感受。

半年很快过去了，根据程若曦的表现，领导当然不可能提加薪的事。谁知，她一气之下竟然选择了辞职。

直到一年后，程若曦在街上遇见同事才知道，谈到当初的离职，同事惋惜地说："太遗憾了，一个晋升加薪的好机会就这样让你给丢了。当时，领导看你踏实，业务能力又很强，本打算第三个月就给你涨工资的，而且也准备让你在试用期满后，担任主管会计的。哪知道后来你却变了，领导很不满意，甚至觉得是自己当初看错了人。"

领导也是普通人，他怎么可能一眼就分辨出你是天才还是蠢才呢？任何一个公正的领导在评价员工之前，都需要一个认识了解的过程，也就是试用期。在这个以认识和了解为主要目的的阶段，你的能力很有可能与薪金待遇不平衡，但这只是暂时的。你必须给领导足够的时间，让他对你尽可能地全面认识。等到你们彼此都熟悉得差不多了，那么距你升职或加薪的日子就为期不远了。

绝大多数人在选择工作的时候，都会提到一些现实的问题，比如薪水多少、具体工作时间、福利待遇是否齐全、有没有年假……甚至是何时加薪等等。然而，这些人却忽略了一个最基本、最实际、最重要的问题，那就是，"我为什么要去工作？"是为了区区几百块的薪水呢，还是为了培养自己的能力，积累一些经验呢？

单凭每个月领到的薪水多少，根本无法准确判断一个人的能力。不错，那些成功者所具备的洞察力、创造力、决策力以及行动力都令人羡慕不已。可这些能力并不是他们与生俱来的，也是需要经过长年累月的学习和实践，才一点一滴地积攒起来的。接着，在一次又一次的失败中总结经验和教训，时刻为成功做最充分的准备。

应该说，在工作中培养各种对自己有益处的能力，正是我们工作的意义，也是工作回赠给我们最珍贵的礼物。

一个立志于在职场上打拼的人，应该以在工作中充分发挥自己的能力，全面展示自己的才华为出发点，同时积累大量实践经验以及其他一些成功必备的资源，也是很重要的。

9. 不加薪也可以幸福的秘诀

只要是努力在社会上打拼的人，有谁不希望自己的薪水每个月都能往上涨呢？然而在现实生活中，工资的上涨速度甚至比蜗牛的爬行还要慢许多倍。再赶上百年不遇的金融风暴，加薪的希望就更加渺茫了。工作几年都不加薪，心情当然好不到哪里去，上班也没了劲头……长此以往，我们离加薪似乎越来越远了。

不如让我们暂时停止抱怨，一起仔细想想：难道不加薪，生活就不能继续了吗？天就要塌下来了吗？我们就彻底告别幸福了吗？答案当然是否定的，只要我们跟牢骚彻底决裂，跟灰头土脸挥手说拜拜，跟垂头丧气恩断义绝……随后，我们便会发现，其实不加薪也一样可以拥有幸福。

幸福秘诀一：工作比加薪更重要。

假如你还在为没有加薪成功而苦恼或烦躁，请推开窗子看看对面的人才市场，看看那涌动的人群和火爆的场面。当你坐在有冷气的办公室内喝着早茶时，有很多的人，还在为找一个可以落脚的地方而奔波着。跟他们比起来，你是多么幸福呀！在经济萧条，竞争激烈的环境下，你难道不应该为自己依然拥有一份工作而感到高兴吗？

幸福秘诀二：盲目理财比不加薪更可怕。

即使不能加薪，也不要试图通过高风险投资获利。很多人都会因为不能加薪而感觉焦虑，为多赚一点钱，加入盲目理财的行列，希望自己能一本万利。可天公却偏偏不作美，这些人不但投资不成还损失了原本就不多的积蓄，整天都恍恍惚惚地生活在心痛中，甚至还因此而丢掉唯一的收入来源。

80后上班年头短，积蓄也不多，与其倾尽所有去投资股票，倒不如多花些时间和精力充实一下大脑，提升一下自己的可利用价值。就算最后薪水没涨成，我们本身的价值也会成为一笔潜在的财富。

幸福秘诀三：我们不能什么都要。

每个人的时间和精力都是有限的，没有谁可以做到事业100分，家庭100分。在我们抱怨老板没有给自己加薪之前，应该先问问自己：究竟有多少时间和精力是真正花在工作上了？

假如我们关注更多的是生活幸福，是家庭和睦，那么能不能加薪又有什么关系呢？我们在工作中失去的种种，都将在家庭中以另外一种形式得到补偿，甚至是加倍补偿，难道这样还算不上幸福吗？

幸福秘诀四：爱上自己的工作。

爱上自己的工作，相信这对很多人来说都是一件比登天还难的事。他们会说："老天，我绝不可能爱上那份既无趣又耗费我精力的工作。"其实，在这个世界上并不存在让我们一见钟情的工作，想要一辈子保持最初的那份激情更是难上加难。很多人都习惯将职业满足感与工作性质的好坏联系到一起，殊不知就算梦寐以求的工作真的降临，倘若我们没有认真对待，再好的工作也会变得无趣。

有很多先结婚后恋爱的夫妻，都在婚后品尝到了幸福的滋味，工作也是一样。只要我们抱着积极乐观的心态，工作就会不断带来意外惊喜。美国石油大王洛克菲勒就曾经告诫自己的儿子说："如果你视工作为一种乐趣，人生就是天堂；如果你视工作为一种义务，人生就是地狱。"每一份工作都有让我们爱上它的理由，只要用心，你早晚会发现这一点。

幸福秘诀五：不可小视存钱的力量。

也许会有人反对："本来薪水就少得不够花，怎么还让我存钱？"没错，必须存钱！

很多80后都是月光族，成天嚷嚷着自己赚的钱不够花。可事实上，是真的不够花，还是我们的生活标准总高于收入标准呢？举例说，当我们的月收入在2000元时，每天中午都在公司吃10元一份的工作餐。这样下来，一个月的午餐费顶多就300多块。而当我们的月收入达到4000

元时，突然觉得工作餐淡而无味，于是每天都要去外面下馆子，少说也要花掉三四十块钱。这样一个月下来，光午餐费就涨了三四倍多。

如果你的消费标准总是涨得比薪水快，那么你将永远都会为薪水不够花而烦恼。无论老板发多少薪水给你，存钱都是立刻就能做到的事；倘若你忽视了存钱的力量，就算能领到高薪，也解决不了根本问题。

加薪，我们不一定会幸福；不加薪，我们也不一定就不幸福。这二者之间并没有什么必然的联系，更不成正比。对于我们来说，高薪也就意味着高压力。如果有钱也没时间，没精力花，又怎么能称得上是幸福呢？

如果有人问："月薪多少才幸福？"相信谁也无法给出答案。一个月薪1200元的人也许会比一个月薪12000元的人还要幸福，因为幸福本来就是内心的一种感觉，并不由我们薪水的多少来决定。

不加薪也可以拥有幸福，关键在于我们是不是能够准确把握享受生活的心态，也在于我们是否能够真正懂得幸福的真谛。

第六章　为自己工作到最好——辛劳不计较

1. 工作是为自己盖房子

很多人认为，只要"不迟到、不早退"就足以对得起老板给的那份薪水了。殊不知，你需要对得起的不是老板，而是自己。

某天，你与昔日同窗偶遇，寒暄过后，对方递过名片，你不禁被上面赫然印着的"某公司技术总监"几个大字惊叹不已。随后，回想起十年前两人冬日里煮酒论英雄的场景，自己何尝不是壮志凌云，豪气冲天。可如今，同窗车房在手，春风得意，而自己却还是领着微不足道的薪水望房兴叹。此时，你心头疑云密布："十年光景，差距竟会如此之大？难道是自己资质太差？还是生不逢时，上天不肯给自己出人头地的机会？"

其实，昔日能成为同窗，今日能一起吃饭，应该可以证明彼此之间没什么太大差别。为何你至今仍然平庸，同窗却飞黄腾达？原因很简单，在老板吩咐你们建造房子的时候，你只把房子当成了老板的，而同窗则把房子当成了自己的。虽然都是盖房子，但实质意义却相差甚远。毕竟每个人对自己的东西会非常用心，非常爱护，对别人的则不会过于在意。所以，如果你把工作当做是在为自己盖房子，就一定会尽心尽力，苛求完美。如果你把工作当做是在为老板盖房子，就会凑合加敷衍，只求合格不求卓越。这样一来，不同的态度，自然会得到不同的结果。

在美国有位盖了一辈子房子的老人，因为工作勤奋认真，深得老板的信任。由于上了年纪，老人准备退休回家，与妻子儿女共聚天伦。尽管老板十分舍不得，可是见老人去意已决，也只好答应了，并希望他在退休之前，能再盖一座房子。

老人应允得十分勉强，无可奈何地留下来盖房子。但是此时，他的心早已飞回家，想着如何与家人度过晚年生活。不仅用料方面没有严格把关，做工也失去了往日的水准。很多地方明明可以做得更好，可为了节省时间，老人都草草地敷衍过去，一味地想抓紧时间把房子建完。老板看在眼里，什么也没有说。

房子比预期提前一个月完工了，老人收拾东西准备离开时，老板将大门钥匙交到他手里说："现在它属于你了！辛苦了一辈子，这是我送给你的退休礼物。"

老人愣住了，心中的悔恨和羞愧难以言表。想到自己这一生盖了无数精美绝伦的房子，谁知到最后，却为自己盖了这样一座粗糙拙劣的房子。如果早知道这是老板送给自己的礼物，就是披星戴月，也要把它建成世界上最好的房子呀！

同一个人，既可以盖出豪宅别苑，也可以建成粗劣民居，并不是因为技艺减退，而仅仅是为别人还是为自己。在职场，很多人都抱着这样的想法，认为工作就是在为别人盖房子。盖得再好，也轮不到自己享用。况且盖得好与盖得不好，领到的薪水都一样，又何苦自己为难自己，说得过去就行了！事实上，这是一种懈怠敷衍的行为，是很不负责任的表现。

也许在短时间内，工作及格与工作优秀的差别并不是很大。但是，时间久了，距离就会逐渐显现出来。那些总是以及格来要求自己，敷衍老板的员工，会慢慢变成公司里"弃之可惜，食之无味"的鸡肋。等需要裁员的时候，这些人的名字当然将毫无悬念地被摆在其中。而那些处处以优秀来要求自己的员工，不仅在工作中提升了能力，身价也会一路飙升，再加上凡事尽心尽力的态度，自然越来越受到老板的关注和青睐。

当我们以为自己盖房子的热情来为公司工作时，老板必定会为自己拥有如此关心企业前途，关注企业发展的员工而自豪。也只有这样的员工，才能取得老板的信任，从而被赋予更多的使命，获得更大的荣誉。

上世纪初，美国历史上出现了首个年薪高达百万美元的打工仔——查理斯·施瓦伯。

施瓦伯出生在美国乡村，只接受过很短的教育就做了马夫。18岁那年，他来到一个建筑工地打工。从踏进工地的那一刻开始，施瓦伯就下决心要成为最优秀的人。于是，当别人抱怨工作辛苦，酬劳太低的时候，他依然默默地积累着工作经验，自学着建筑知识。

在某个夏夜，施瓦伯像往常一样，躲在角落里看书，恰好被检查工作的经理遇到。他看了看施瓦伯手中的书，又翻了翻旁边的笔记本，什么也没说。第二天，经理把施瓦伯叫到办公室，问道："你学那些东西干什么？"施瓦伯回答："我想，公司并不缺少普通工人，而是缺少既有经验又有专业知识的技术人员及管理者，不是吗？"经理赞许地点了点头。

一些同事很不理解施瓦伯的想法，经常讽刺和挖苦他。对此，施瓦伯做出的回答是，"我不光在为老板打工，更不是纯粹为了赚钱，我是在为自己的梦想打工，为自己的前途打工！我们必须不断提升，使自己的劳动所产生的价值，远远超过得到的薪水。只有这样，才可能被重用！"

没多久，施瓦伯就被提升为技师，接着又成为总工程师。25 岁那年，他出任建筑公司的总经理。39 岁那年，他出任美国钢铁公司的总经理，年薪 100 万美元。

想在最短的时间内出人头地，开辟出一片属于自己的天地，就应当从现在开始，竭尽所能地把老板的天下当成自己的天下来打。只有把工作当成自己的，我们才会要求尽善尽美。

虽然房子盖好之后是归老板所有，但它们体现出的却是我们的价值。如果每次交付的都是烂尾工程，那么又凭什么指望有一天老板会提拔自己呢？所以，就算不满意自己目前的工作状态，也不能盲目地走进人才市场。要是没调整好心态，没端正好态度，没认清在为谁工作……就算换了新的环境，也会因为缺乏资本而不得不重蹈覆辙，一遍遍地上演平庸的故事。

2. 只有100%才算合格

回想一下，你是否有些任务还差一点就可以完成了呢？像是差几针就能缝完的衣服，差个结尾就能截稿的小说，差两三笔就能画完的素描，差个总结就能完成的方案等。并非没有能力完成，而是你不愿意继续下去。

要知道，在数学上，100 减 1 等于 99，但在工作中，100 减 1 却等于 0。有位专家曾一针见血地指出："从我们手中溜走 1% 的不合格，到了用户手中就是 100% 的不合格。"因此，员工在面对工作的时候，一定要尽量避免这些不起眼的"1%"，自觉遵守公司制度，认真对待工作内容。而领导在面对员工的过错时，也要注意方式方法，使其自愿完成由被动管理到主动工作的转变，双方共同努力，将一切事故的苗头消灭在摇篮之中。

曾在尼克松时期担任美国国务卿的基辛格，就是这样一位要求下属做到100%合格的"老板"。即便是在很忙的情况下，他依然十分注意方式，积极帮助下属100%地完成任务。

有一次，他的助理呈递了一份计划，并向他询问意见。基辛格和善地问道："你确定这是你所能拟定的最完美的计划吗？"

"嗯……"助理犹豫了一下，回答说："我相信若是再做些改进的话，一定会更好。"于是，基辛格立刻将那份计划书退还给了助理。

回去之后，助理不惜日夜赶工，常常留宿在办公室里。3周之后，新的计划终于出炉了！助理很得意地迈着大步走进基辛格的办公室，将新的计划书交了上去。

他听到了之前那个熟悉的问题："你确定这是你所能拟定的最完美的计划吗？"他激动地说："是的，国务卿先生！我确定！"

"很好。"基辛格说，"既然你这么说，那我就有必要好好地读一读了！"

基辛格并没有责备他的助理计划书做得不够完美，也没有直接告诉他的助理应该怎样去做，而是通过100%的要求，来训练下属如何去完成一份合格的计划书。

我们在工作中经常出现的问题，往往都是一些小事或细节完成得不够精准到位。然而，在我们自己看来，合格率达到99%，已经足够沾沾自喜的了。殊不知，市场对企业，企业对于员工，从来都是通过显微镜来审视的，并且盛行一票否决制。如果你生产的1万件服装中，有一件质量不过关，那么消费者就会认为"你的服装质量不合格"，而不会认为"你的服装有一件不合格，另外9999件合格"。

尽管只是执行上出现的微小差错，却已经足以导致结果的天差地别。所以，你要警惕的恰恰是那些最容易被忽略的细节，不要在做到99%差1%的时候停止。要知道，正是这点细微的差别，会阻碍你前进的脚步，让你无法获得成功。

很多年前，外国工程师里昂来中国寻求合作机会。在一家公司，为了获得项目的全景，他不惜徒步两公里，登上附近一座山的山顶，不仅拍摄到项目的全景，就连周围的附属景观也都收纳在取景框中。本来，这项工作只需要在办公楼平台上就可以完成，而里昂却宁愿顶着烈日去爬山。这一点让当时很多中国公司的员工非常不解。

在临别前，中国公司的老板问起里昂那么做的原因是什么，里昂回答："我是代替公司成千上万双眼睛来到中国的，回去之后我当然要把整个项目的具体情况讲解给董事会的成员们。这样才算出色完成任务，否则就是工作不到位。"

想要成为企业的核心人物，办事就一定不能让任何人操心，要时刻在心里提醒自己："只有做到100%才是合格，99%都是不合格。"哪怕老板不会一票否决你的全部，也不能成为你只做99%的理由。因为第一次，老板会不高兴；而第二次，老板会很不高兴，认为你不行；到了第三次，你还没有做到100%，老板可能就不会再用你了。

因此，要想把工作做到最好，我们心目中必须有一个区别于一般标准的、更高的标准。在做决定下结论之前，务必要进行周密的调查，广泛征求大家的意见。还要将可能发生的情况全部考虑进去，从而避免"1%"漏洞的出现，达到预期效果。

不断打破现状，追求卓越，是获得优质生活的必要条件。我们生命中任何一件大事，都是由无数件小事累积而成的。没有小事的累积，自然很难成就大事。100%才算合格，只有认识到这一点，我们才会开始关注那些曾经无关紧要的小事，开始培养一丝不苟的工作态度，真正成为职场上具有影响力的人物。

3. 千万不要把问题留给老板

"工作上遇到问题，第一个想到的就是老板！"在你的职业生涯中，这是不是已经形成了的习惯？反正公司是老板的，他不解决谁解决？于是，你不厌其烦地敲开老板的门，一条条列举出有待商议的问题，甚至告诉他有些是你解决不了的……上天呀，难道老板花钱雇你，是让你帮他找出问题的吗？如果所有老板们都不幸遇到这样的员工，不仅不能为企业创造利润，反而还会制造各种各样的问题，那么家底再厚的公司也早晚会破产倒闭。

昔日的言听计从不再是优秀员工的典范，那些遇到问题后推三阻四的员工更会被时代抛弃。如今，只有主动请缨、帮老板排除万难、为公司创造巨大利润的员工，才能得到老板的垂青。

因此，无论我们在工作中遇到什么问题，首先都必须想办法去解决。只有这样，才能称得上最好。

黎宙是一家啤酒公司的职员，由于行业竞争激烈，公司的财务危机日益升级，上级领导希望所有员工能团结起来，与企业一起渡过难关，并作出连续三月停发工资的决定，以成本价发给员工与工资等值的产品，由员工负责出售。

这就意味着，如果能以批发价卖光产品，员工将获得比工资高30%以上的报酬；如果能以零售价卖掉，所得将接近工资的一倍；当然，如果卖不掉，那么就只好留着自己享用了。

对于黎宙来说，这无疑是一个很棘手的问题。本来妻子下岗，母亲卧病在床，家里的负担已经很重了，如今不仅拿不到工资，还要面对小山一样的啤酒，黎宙意识到必须做点什么才行。

虽然和其他员工一样，从来没有接触过销售行业，但黎宙并没有像其他人那样满腹牢骚。时间紧，任务重，他根本来不及多想，只能立即行动起来，起早贪黑，走街串巷，蹬着三轮车走访各大餐厅、酒楼、招待所以及周围的小卖部，联系所有可能需要产品的客户。由于服务态度好，而且能送货上门，黎宙的产品很受欢迎，仅仅用了一个多月就销售一空，赚到了相当于从前全年的工资。而其他员工拉不下面子去沿街叫卖，撑死就是在家门口摆个摊，结果三个月过去了，家里仍然堆得像个啤酒仓库。

尝到了甜头的黎宙主动要求调到销售部，逐渐成为公司的业务骨干，深受老板器重。

当棘手问题出现时，你的态度是闪还是迎？其实，有什么可怕的呢？想办法解决它不就得了。如果你非要自作聪明地将问题当做地雷，认为踩到就会倒霉，甚至送命，以至于迟迟不敢行动，拖泥带水，那么最终只会连累自己，失去机会。

当然，更不要天真地以为直接将问题推给老板，你就可以安枕无忧，乐得逍遥了。殊不知，老板不是你的救世主，也不是为你服务的公仆，更不是伺候你的保姆……你们之间的关系已经简单到不能再简单了：你付出劳动力，老板付出资本，双方整合资源，齐心协力，共同为公司的发展而努力。

可见，正确对待问题是我们取得成功的关键。那么，怎么做才是正确的呢？

首先，尝试自己解决问题。

想成为一个能帮老板排忧解难的员工，就要在工作中对那些自己能够判断的本职工作大胆拿主意，亲自拍板，不要再询问老板的意见，给他一个满意的结果才是最重要的。只有解决了问题，你才能迎接崭新的契机，从而得到老板的青睐。

其次，将每个问题都当成一次锻炼的机会。

在职场中，机遇总是伪装成问题的模样，所以，只要我们解决了问题，也就意味着抓住了机遇。

最后，遇到无法突破的问题时，不要找借口。

我们都是凡人，有做不到，做不好的事一点也不稀奇。在工作中若是遇到解决不了的问题，不妨坦白跟老板说，争取获得他的谅解；千万不要在前进过程中为自己找借口，那样会消磨你的意志，让你丧失战斗的勇气和力量。一旦你找到了借口，同一个瞬间，也会与成功失之交臂。

不将问题留给老板，是一种积极主动的精神。将问题推给老板，则是一种消极被动的态度。事实上，解决问题，排解纠纷，化解矛盾等都应该属于员工的工作。要知道，这不仅是老板花钱雇员工的目的所在，也代表了主动和被动两种不同的精神状态，从而造就了成功和失败两种不同命运的员工。

所以，我们在工作中一定要清楚地认识到：解决问题是自己的职责，把问题留给老板就意味着办事不力。我们要把问题看做是展示自己和发展职业的机会，借助解决问题来体现自己的价值，发掘自己的潜能。请时刻谨记，我们的任务是想尽办法为老板解决问题，而不是推卸责任，更不是制造麻烦。

4. 像唐骏那样，全力以赴做好本职工作

你是否曾因没有全力以赴地追赶，而错过了末班车；是否曾因没有全力以赴地备考，而被重点大学拒之门外；是否曾因没有全力以赴地工作，而失去了晋升的机会……人的一生不过只有短短几十年，如果不曾全力以赴地做点成绩出来，岂不是枉来人间走一遭？

一个企业要发展，必然离不开努力勤奋、专注投入的员工；一个人要成功，必然离不开全力以赴的精神和持之以恒的斗志。爱迪生曾经说过："在日常生活中，靠天才能做到的事，靠勤奋同样能做到；靠天才做不到的，靠勤奋也能做到。"

不管在什么行业，老板苦苦寻觅的员工，多是那些能够主动积极全力以赴地投入工作的人。像唐骏那样，不必等老板开口，也清楚自己该做什么的人，才会是职场上出类拔萃的典范。

唐骏是一个执行力很强的人，不管在哪一家公司任职，他都始终如一地保持着自己对每件事总会多想一步的风格。

在微软，他改进了 Windows 系统中文版和英文版的研发步骤，使两个版本能同步发行，同时也改变了微软几十年固定的开发模式。唐骏认为："如果我不通过这种方式，而是循规蹈矩地做一名技术员，那么肯定没有机会成功。"

拿到一个方案，得到总部的战略要求，唐骏不会马上行动，而是在原有的战略基础上，再次包装，做出更大更完善的东西，之后再推向市场。"很多人讲到执行力，无非是指让你做一你就做好一，而我则是让我做一我可以做到二做到三。"唐骏总结道，"我觉得自己在微软最成功的地方就在这里。"

这就是唐骏，无论做什么事，总会习惯比别人多想一步。对于老板来说，一个肯主动付出劳动的员工，必定能够为企业开拓出更多的利润空间，那么自然而然也会得到信任，以及老板的重点培养。

如果你能顺利满足老板的要求，那么你可以算得上是称职的员工；如果你能稍稍超过老板的要求，那么你就是有提升潜力的员工；如果你总能超越老板的期望值，那么你一定会获得晋升的机会。

我们生活在一个人人渴望成功，人人内心浮躁的时代。每个人都有雄心壮志，却也都习惯于等待机会，甚至还会认为自己怀才不遇……然而，真正肯脚踏实地付出，全力以赴拼搏的人却很少。在平时的工作中，若是你能从老板的角度出发，全力以赴地思考，除了解决老板遇到的难题之外，还要积极协助整理出老板本应想到却还没想到的问题，并准备好解决方案。相信世界上不会有任何一个老板舍得拒绝这样的员工，你说呢？

刚进入某公司市场销售部的彭姗对自己要从事的行业完全不了解，更没有做销售的经验。家人朋友都劝她再找别的工作，可是凭着身体里那股特殊的韧劲儿，倔强的彭姗下决心非要做出点儿成绩来不可。

每天她都是第一个到公司，研究产品资料，研究客户构成，研究销售策略，让自己提前进入工作状态……然后，就跑出去寻找客户。即便是烈日炎炎的夏天，彭姗也不会进商场吹空调，手里就一瓶矿泉水，背着资料挨家挨户地宣传。那段日子，她把自己全部的时间都用在产品研究和市场开拓上了，甚至没有空吃一顿正经饭，都是随便啃块面包就算了。

三个月的试用期结束了，彭姗瘦了十几斤，但她的玩命付出也得到了丰厚的回报。在表彰大会上，彭姗的业绩荣登榜首，就连很多经验丰富的资深级市场销售，业绩也不如她。上级研究决定任命刚过试用期的彭姗为市场部主管，并鼓励大家学习这种全力以赴，玩命工作的精神。

看看人家，再瞅瞅自己，有没有发现什么问题？找工作时，既要求时间不能太长，又要求环境不能太差；工作中，既不想自己太辛苦，又担心工资不够花；快下班时，既发愁完不成工作定额，又不愿意加班加点……我们是否过于在乎自己了呢？任何事情的结果都不是凭空想出来的，没有行动，再大的梦想也等于零。

不管你是为别人打工还是自己当老板，也不管你是公务员还是小商贩，如果一个星期只工作40个小时，那么你是不可能获得真正成功的。努力工作不等于完成任务，而是需要你无论遇到挫折或磨难都能够采取积极主动的态度。正所谓："有条件要上，没有条件创造条件也要上！"

不要才付出一点行动，就急于想得到回报。如果你打算在职场体现自己的人生价值，那么一定要培养自己强烈的工作欲望，舍得付出代价，全力以赴地对待工作。发薪日往往都在工作完成之后，人生也是如此。

正如埃弗雷特·苏特斯所说："如果你付出的比回报的多，最终你得到的会比你付出的多。"是采取主动负责的态度，全力以赴地工作呢，还是漫不经心吊儿郎当地混日子呢？

当今职场充满了激烈的竞争，身为员工的你，如果总能比别人多想到一点，多尽力一点，那么自然就会拥有比别人更多的机会；而在出色完成本职工作之余，也不要忘记，全力以赴地扩展自己的职责。这样不仅可以得到丰厚的回报，还可以提升自己的能力，学到更多的东西，为将来把握机会做好充足的准备。

像唐骏那样全力以赴地去工作吧！这不仅是为公司创利，为老板创收，更是为你自己创造未来的机会。

5. 千万别做表面文章，老板离开就原形毕露

"老板不在，这时候不侃侃大山真是对不起自己！""老板不在，我做不了主，干脆休息休息得了！""老板不在，抓紧时间打个盹，等老板回来了再好好干！"……

你是不是觉得，老板不在的时候，偷一点懒惰，耍一点滑，老板根本就不会知道，难道他还能长着千里眼不成？如果你这样认为，那你就错了。虽然老板没有千里眼、顺风耳，但你在做什么，他的心里一清二楚。

别把工作变成耍给老板看的猴戏。也许，老板一直盯着你，你的神经都快要崩断了。现在，总算熬到老板出国考察或是项目谈判，怎能放过放松的机会。如果你把老板不在当做自己敷衍工作的借口，受损失的不是老板，而是你自己。

事实上，老板不在正是考验一个人的时候。此时，我们更应该坚持自律，保证老板在与不在时一个样，以免因小失大，丢了饭碗，断送了前程。

乔德宇是某大型咨询公司的员工，同事都说他有点小聪明。只要老

总在，他工作起来便会非常卖力，干完自己的还不忘帮着别人。看到乔德宇工作认真努力，表现这么好，老总很高兴，打算提拔他做自己的助理。

可是，一旦老总有事外出，乔德宇立马就变了一个人似的，长出一口气，念叨着："放松，放松。"乔德宇认为，只要让老总看到自己努力工作的一面就行了。而老总不在的时候，上网聊聊天、打打游戏，看看与工作无关的报纸杂志，或者和同事乱侃一通都无所谓。

然而，天下没有不透风的墙，乔德宇这种两面派的嘴脸终于被老总掌握了。有一次，老总故意声称自己要出去，结果却杀了个回马枪，正好看见乔德宇手舞足蹈地在网上打游戏。被老总逮了个正着，等待乔德宇的将是什么？相信大家很容易想到的。

在现实生活中，人们对待工作常常会产生这样的想法：公司属于老板，自己只是个打工的，没必要拼死拼活地干。于是，抱着一种应付的心态去工作。当着老板的面，他们个个积极上进，忠心耿耿，都像是不可多得的人才。然而背着老板，他们便会显露出懒惰、懈怠、自私甚至有些丑恶的嘴脸。

或许你会说："我不是为了谋生去工作，而是为了彰显生命的魅力才去付出努力。"要是真的当然最好，但倘若你只是当着老板的面才努力工作，背着老板就放松要求，那么你真的努力了吗？对得起老板的信任吗？

回想一下，你曾经趁着老板不在的时候，都做了些什么？是一如既往地认真工作，还是稀里糊涂，得过且过？要知道，这些因为老板不在而形成的懒散、拖沓、敷衍等不良习惯所带给我们的危害，一点不比其他恶习少。

所以，想要成功，一定要杜绝各种小毛病，争做让老板信得过的优秀员工。如果老板对你的评价是忠诚可靠，就要恭喜你了。忠诚，这是对一个员工人品多么神圣的赞许啊！

在日本，有位开着巴士的娇小女孩，她总是穿着整洁的制服。每当乘客上车后，她都用温柔的声音说："欢迎乘车！"在途中，女孩一边开车，一边不时地提醒车上的乘客："我们马上要转弯了，大家请坐好扶好。""前面有车经过，所以要稍等一下。""马上要进站了，要下车的乘客请提前做好准备。"

然而，最令人感动的是她在交接班后，总是静静地站在路边，朝着小巴行驶的方向深深地鞠躬。不管晴天还是雨天，在这条安静的小路旁，人们总会看见这个瘦弱的女孩，恭恭敬敬地对着她的乘客离去的方向，深深地鞠躬。

相信女孩想表达的既是对乘客的尊重，也是对自己职业的尊重，在弯腰鞠躬的那一刻，她的内心一定是洋溢着幸福的。

我们常说，一个人在工作中的表现如何，完全可以反映出这个人的一生。即使老板看不见，也要一丝不苟地履行职责。这种有修养、重操守、能自律的人正是职场紧缺急需的，他们的职业前景也必然会是一片光明。相反，那些人前人后形态迥异、偷奸耍滑、自作聪明的家伙是不会赢得老板好感的，他们的职业前景也无疑会黯淡无光。

要知道，良好的品格修养为的是我们自己。正所谓君子慎独，越是在没人看见的时候，越是需要自制，越是要保持良好的操守。因为群众的眼睛是雪亮的，老板的眼睛也是雪亮的。就算今天没有注意到，明天也一定会看见。

我们要做的其实很简单，就是老板在与不在时一个样！甚至老板不在时，表现得还要更好一些。毕竟工作不是做给别人看的，而是为自己的未来打拼用的。

6. 你敷衍的不是老板也不是工作，而是你自己

有位哲学家曾经说过："不论你手边有多少份工作，都要用心一件一件地去做。只有这样，你才没有敷衍自己。"

在当今职场，很多人失败的最大祸根，就是养成了敷衍了事的恶习。这些人工作效率极低，完成质量极差，不仅阻碍自己职业生涯发展和前进的道路，还会给周围的人留下做事不负责任、粗枝大叶等极坏的印象，以至于很难获得上司的信任和重用，也无法得到同事最基本的尊重。所以说，敷衍工作，实在是毁灭理想、断送前途、自甘堕落的表现。

相反，成功的最佳途径，就是对待任何事情，都精益求精，力求尽

善尽美，让自己经手的每一件工作，都贴上卓越的标签。

叶恒留学到了日本，在离学校不远的一家餐厅找了份刷盘子的工作。老板提出的要求很简单：独自待在厨房，把每个脏盘子刷 8 遍即可。跟工作内容比起来，老板开出的薪水却不低。叶恒付完学费和房租后，还剩下不少可以寄回老家孝敬父母，这让他很开心，干起活来也十分仔细，老板对他的工作也很满意。

渐渐地，叶恒发现自己在犯傻。他想："我只是打工，餐馆又不是我的，他也看不见我干活，我干吗非要把盘子刷够 8 遍？刷 4 遍已经挺干净的了！"于是，他自以为聪明地剪掉了一半工序，而薪水还是原来的数目。"这不是等于涨了一倍吗？相当于白领啦！"叶恒拿着钱，得意地想。

没过多久，他又琢磨上了："刷 4 遍盘子好像也没有必要，难道刷 2 遍不行吗？我老家的盘子刷 2 遍已经很干净了！"于是，叶恒决定再减掉一半工序，这样仍然拿原来的薪水，不就等于 4 倍的收入了吗？

结果这一次，老板发现有个别盘子不太干净，逐一查下去，才知道原来是叶恒偷偷省掉了许多工序，随即就开除了他，并通知自己所有开店的朋友不要雇用叶恒，因为他不够诚实。

以为自己偷懒是敷衍老板，敷衍工作的表现，结果到头来，真正敷衍的却是自己！解雇了你，老板还可以雇用其他人；失去你了，餐馆的生意依旧那么兴旺；可怜的是你自己，失去了工作，没有经济来源，假如不彻底改掉敷衍、懈怠、不诚实这些要命的问题，恐怕走到哪里也是一样的命运。要知道，天下间所有的老板都希望自己的员工诚实、踏实、结实，能出色完成工作，即便多付些薪水，他们也无所谓。但是，绝对没有哪位老板会欣赏偷奸耍滑、敷衍了事的人，更不可能心甘情愿地支付薪水。

当然，偶尔我们也会听到一些解气的话："此处不留爷，自有留爷处。"乍一听，我们会认为说这话的人肯定信心满满，可现实是残酷的。经常出现的情况往往是："此处不留爷，处处不留爷。"试问：有哪位老板、经理、董事长会雇个"爷"来当手下呢？

从前，一家服装厂派业务员来订购一批羊皮。最初拟定好的合同条款本应是"羊皮每张大于 4 平方尺。有疤痕的不要。"可是，由于业务员着急回家，一时疏忽，顺手就把句号写成了顿号。合同变成了"羊皮每张大于 4 平方尺、有疤痕的不要。"

这样一来，供货商可乐开了花，钻了一个大空子，发来的羊皮全部都是"小于 4 平方尺的"，使得服装厂损失惨重。但这又能怪得了谁呢？那个糊里糊涂的业务员，恐怕也只有哑巴吃黄连，有苦肚里咽了！

今天的商场，确实像极了没有硝烟的战场。企业与企业之间的相互算计已经到了白热化的程度。交涉过程中，根本不允许有任何细微的闪失。员工的一个随意，一个不小心，即便只是犯了一丁点错，也有可能连累整个企业蒙受巨大的损失。

用心工作，最大的受益者是自己；敷衍工作，最大的受害者也是自己。大部分人总是渴望自己能够升职、加薪，但同时却又在工作中抱着"为老板打工，只是完成任务"的念头，甚至产生敷衍、懈怠的工作态度，他们似乎完全不知道：无论升职还是加薪，都是需要在日常用心工作的基础上建立起来的。

任何时候，都不要试图去敷衍工作或敷衍老板，那样做的结果，吃亏的还是你自己。只有尽职尽责地付出，谨慎细致地对待工作，才能使你自身的价值得到提升，从而获得老板的赏识。

7. 工作是一种幸福

在多数人看来，工作不过就是一种养家糊口不得已而为之的手段，甚至是一种苦役，怎么会跟幸福挂钩？如果不用工作就可以保证衣食无忧，相信不少人都会兴奋地喊出："我可以不工作了，我终于解脱了！"但你真的能就此获得幸福吗？

可能每个人都曾经有过这样的体会：刚开学，就盼着放寒暑假，然而等真放了假，不到一个星期，却又想上学了；厌烦了大都市熙熙攘攘的人群和忙忙碌碌的工作，早就盼着趁休假回老家过几天田园生活，然而回到家，过了没两天，却受不了夜晚的漆黑和寂静。因为现实生活已经让我们习惯了工作，习惯了忙碌，习惯了必须做点什么……

工作是人类与生俱来的职责，人的一生，必须要做事才可以体会到真正的幸福；人的一生，必须要工作才可以领悟出生命的真谛。即便是富有到比尔·盖茨这个程度，赚到的钱几辈子都花不完，可是他依然没有停止工作。显然，工作早已成为他的使命，是他幸福生活的一部分了。

美国 Viacom 公司董事长萨默·莱德斯通被称为"75 岁的年轻人"。在 63 岁那年，他开始着手建立一个庞大的娱乐商业帝国，旗下诞生了《泰坦尼克号》等让人记忆深刻的作品。

63 岁，已经超过了普通人的退休年龄，然而萨默·莱德斯通没有选择常人退休后颐养天年的生活，而是重新回到工作中去。无论是工作日还是节假日，他总是一切围绕着 Viacom 转，个人生活与公司事宜之间没有任何界限，有时甚至一天工作 24 小时。

在萨默·莱德斯通看来，不管从事什么工作都好，有一个因素是极其重要的，那就是，"要非常努力地工作，要有非常坚强的意志，在做的过程中还要争夺第一，做到最佳，要有获胜的意愿"。

是的，工作不仅能让我们的人生更加充实更有意义，同时也帮助我们驱赶了很多烦恼和忧愁。就像我们身边不少领导干部，在职时个个都是风光无限红光满面，那是因为他们有工作有尊严，生活得充实而满足；可是退休不久，他们就会苍老了许多，那是因为他们不被组织需要了，没什么事情可做，当然也就满足不了自己。这也正是如今会有这么多退休老人还在社区里发挥余热的原因。没有工作，对于一个人来说，可能表面丧失的只是生命归属，然而更深一层缺失的便是心灵寄托。

当然，如果不信的话，你可以试着请一个星期的假，其他同事照常上班，不管你请假之后做什么，只要看看你是不是可以在这一个星期里，完全不去想工作的事情呢？

1978 年夏天，商界传奇人物福特公司副总艾柯卡被叫进总裁室，亨利·福特宣布免去他一切职务。尽管之前早有心理准备，可此时艾柯卡还是按捺不住心中的怒火，慷慨陈词地列举自己 8 年来所取得的各项成就，并大声抗议。然而最后，他还是离开了。

这突如其来的"失业"，对艾柯卡来说就像是从珠穆朗玛峰坠入万丈深渊，几乎置他于死地；妻子气得心脏病发作，女儿也埋怨他无能。仿佛昨天自己还是英雄，而今天却成了麻风病患者，人人避而远之，真

105

是应了那句"时来铁也生辉，运褪黄金失色"。

他愤怒过，彷徨过，苦闷过，甚至想到过自杀；他喝过酒，并对自己失去过信心，认为自己已经彻底崩溃，再也站不起来了。

然而，艾柯卡毕竟是艾柯卡，最终他还是没有向命运屈服，并且接受极大的挑战，应聘到当时濒临破产的克莱斯勒汽车公司出任总经理。凭着自己的智慧、胆识和魄力，他带领克莱斯勒公司起死回生，成为仅次于通用公司、福特公司的第三大汽车公司。他自己也重新获得了辉煌。

不可否认，工作有时的确很辛苦，尤其当你的工作性质属于重体力或者是高压力时，更是令人总恨不得立刻逃脱。那么，如果有一天真的不要你工作了，永远不再工作了，你觉得好不好呢？大家不妨跟身边的朋友打个赌，先抛开不工作就没饭吃的情况不谈，单是那种无聊已经足够把你逼疯了。

任何人在社会上，除了生存之外，还会有更多必不可少的心理需求，比如团队协作、人际交往、角色扮演、成就取得等等。失业后，你除了要承受经济上的压力，还要承受心理上的困扰；退休后，你可能会经常围绕着"我该做些什么"产生疑问，即使没有金钱方面的顾虑，也免不了会有健康方面的担忧。

所以，请不要再为今天的打工生活自怨自艾了，身体受点累没什么，流些汗也不要紧，最重要的是心里舒服。工作是一种幸福，为自己工作更是一种天大的幸福。虽然你现在还没有感觉，但希望在不久的将来你可以意识到，希望到时还不晚。

8. 不要相信运气会从天而降

职场上，许多人总会认为那些甚得老板青睐的人是因为运气好，继而抱怨自己时运不济，却不知他们成功的背后付出了多少汗水。所以，不要相信运气，想要获得成功，就要努力去争取。美国哲学家爱默生曾说："只有肤浅的人才相信运气，坚强的人相信凡事有果必有因，一切事物皆有规则可循。"对于自己的工作，千万不要等着运气降临，而是要用一切的力量充实自己，这才是你所谓的运气门神。

许振超是青岛港桥吊队队长，是"文革"时期毕业的"老三届"。在人们的印象中，这一代人受教育少，年龄偏大，相当一部分人都成为下岗再就业的"特困户"。但是，许振超不但没有下岗，而且成为世界一流的技术专家，不仅在合资公司里身担重任，就连外国合资方都聘用他。原因就在于他从不相信运气，脚踏实地地工作，他在日记中写道："悟性在脚下，路由自己找。"

因为一场"文革"，打碎了许振超清华北大的梦想。但是，他没有因此消沉，他选择了用知识改变命运。他刚进青岛港当皮带机电工时，努力学习电工知识，看设备图纸，逐渐掌握了电工技术。领导见他好学，就调他去操作当时最先进的机械门机。这一下，他更来劲了，把队里仅有的几本技术书都看遍了，就到处找同学借书看。他还从牙缝里省钱买书。新书贵就买旧书，他骑自行车跑 40 多里路，到书摊上讨价还价买旧书。然后，他就挤时间去看书。别的工友打扑克，下象棋，聊天，而他都在读书。

30 多个春夏秋冬，许振超从来没有停止过学习，他家里的书橱里摆满了与机械、电气有关的书籍、报刊、工具书等等，他读过的各类书籍有 2000 多册，写了近 80 万字的读书笔记。功夫不负有心人，他从一名只有初中文化程度的普通工人成长成为了一名一手绝活、两破世界纪录的金牌工人。

"九层之台，起于垒土；千里之行，始于足下。"许振超的成功之路没有捷径可走，靠的更不是运气，而是多年来立足本职工作刻苦钻研业务的结果。而如今，许多年轻人都有急功近利的习惯，看不起基层的工作，一进单位就开始瞄准官位。一旦自己不被重视，就埋怨自己运气不好，抱怨老板有眼无珠。

对于运气，只有一句话，那就是，不要相信它。运气好或不好，都只是不肯努力的人寻找的借口罢了。好运，是你用心付出，努力前进所灌溉出来的果实；坏运，是你努力不够，好高骛远的结局。曾经担任英国航空部部长的比佛布鲁克对这个观念坚信不疑，他认为努力才是最可靠的。他讲道："我常警告追求成功的人，不要依赖运气，没有任何想法比依赖运气更愚蠢更不切实际。这个世界依循因果关系在运作，运气可说是不存在的。有时你以为某人成功得很侥幸，但他为成功付出的巨大代价岂是你所能体会的?"

如果我们一味地相信运气会从天而降,那么就会不断地拒绝身边的各种机会,不愿接受各种磨练和考验,最后当然没有人愿意再给我们任何机会。而真正聪明的人,会把运气放在一边,抓住每个可以帮助自己更上一层楼的机会,不放过任何使自己成功的可能。

有人可能会嘲笑那些脚踏实地埋头苦干的人太傻,认为这样的成功路未免会走得太远了一些。但是,最起码脚踏实地的人没有暴起暴跌的危险,他们的成功是持久而可靠的。他们从不怨天尤人,从不埋怨运气不佳,他们只会检讨自己,并再接再厉。所以,他们的成功有着深厚的基础,就算风急雨狂,地动天摇,也不会倾倒。每走一步,就离成功近一步。这与那些总是因为走错路而不得不一次次从头再来的人相比,反而是条捷径。

如果你期待从天而降的运气助你成功,那就和守株待兔没什么两样。只有努力争取,才会得到运气的垂青。任何时候运气都不会从天而降,许许多多比你有天赋的人,不按照"一分耕耘,一分收获"的思想行事,妄想撞运气而获得成功,最终使得自己穷困潦倒。他们太过相信运气会从天而降,而不去付出实质的努力。他们经常表露出悠然自得的样子,在闲逛中耗费时间,看似活得轻松,但实际上内心极度空虚。

所以,吸取教训吧!运气不会降临到那些没有准备的人身上。世界上没有天上掉馅饼的好事,要想成为老板的左膀右臂,成为企业不可或缺的重要人物,唯一的路就是脚踏实地,认认真真去对待自己的本职工作,相信一分耕耘就一定会有一分收获。

真正追求成功的人,毫不在意运气,他们通常将运气撇在一边,抓住机会,不放过任何让自己成功的可能。他们不会等待运气护送自己走向成功,而会努力换取更多成功的机会。他们可能会因为经验不足,判断失误而犯错,但他们会从错误中不断学习,等他逐渐成熟后,就会成功。

职场中,不要让所谓的运气抑制了你前进的动力,唯有努力付出,才有可能得到自己想要的结果。天上没有掉馅饼的好事情,运气或机遇都是公平的,它不会厚此薄彼,要有好运气关键在于你是否为运气的到来做好了充足的准备，是否积极争取过。那些看似运气很好的人，并非是获得上天的恩赐，而是时刻准备，努力争取得来。在他们眼里，运气也许存在，但并非随意从天而降于任何一个人。

9. 把工作当成你的生意来经营

英特尔公司总裁安迪·格鲁夫曾说："不管你在哪里工作，都别把自己当成员工，应该把公司看做自己开的一样。事业生涯除了你自己之外，全天下没有人可以掌控，这是你自己的事业。"

遗憾的是，很少有人能把工作这单生意做成，因为他们总是把老板与员工划分得非常清楚。比如，很多员工都认为自己每天加班加点，付出那么多的努力，就应该得到升职加薪的奖励。可是很多老板却不这么认为，他们觉得员工还不够成熟，在能力上还存在着一定的缺陷，应该继续努力改进，而不是吵着邀功请赏。到头来，员工会因为自己的付出没有得到回报，认定老板是缺乏人情味的冷血动物。老板则会因为员工还没付出就想得到，认定他们不仅没有能力，更没有谦虚的态度。这样下去，双方的矛盾越积越多，必将无法更好地合作，甚至彻底决裂。

其实，作为员工大可不必事事计较，作为老板也没必要过于较真。一个有着主人翁精神的员工，不仅仅是企业利益的维护者，更是企业良好形象的宣传者。对于任何一个员工来说，能将企业当做自己的生意来经营，是做好一切工作的前提；对于任何一个老板而言，能拥有一个将企业看成自己生意来打理的员工，是获得蓬勃发展的根基。

杨飒在某贸易公司工作了三年，一直没有得到提拔。这一年，由于英国的一家分公司连年亏损，老板便派他过去收拾残局。杨飒明白，上级的意思是想把那里的员工全部裁掉，然后把公司剩余的货物运回来。尽管清楚自己此行的目的，可杨飒还是决定按照自己的想法来实施行动，改变上级的目标，让这家分公司东山再起。

在路上，杨飒的心情很纠结。他想：虽然自己只是一个普通员工的身份，但也应该时时培养老板的心态，将公司看成是自己的买卖。如果能让一家即将倒闭的公司起死回生，不是更能体现自己的价值吗？

109

于是，杨飒没有"听话"，而是将自己的想法付诸行动，尽全力去挽救分公司。当英国分公司大小事宜恢复正常时，杨飒心中有说不出的满足，而他的上级也特别感动。除了对自己手下的员工能有这样的觉悟和胆识表示钦佩之外，杨飒的上级还宣布由杨飒出任英国分公司的总经理，全权处理那边的一切。

很多在职场打拼的人，之所以最后有幸成为老板，就是因为他们能够从老板的角度出发去看待自己的工作，能够像对待自己的生意那样去经营自己的工作。能够高标准、严要求地来培养自己的"老板"心态。

只有把工作当成自己的生意，我们才能够主动维护企业利益，顾全大局，更全面地考虑利弊得失；只有把工作当成自己的生意，我们才能够正确处理个人与企业的关系，坚决抵制损害企业形象的行为；只有把工作当成自己的生意，并敢于替老板去做一些职权范围之内的事，我们才能更熟悉地了解老板的风格，更接近未来的老板。

谢凡瑶在一家大型图书商场做收银工作，两年来她恪守己任，自认为是一个非常出色的员工。

有一天，谢凡瑶正在跟同事闲聊，碰巧经理正在附近巡查。经理走到款台附近，环顾了一下四周，然后示意她在后面跟着。刚开始，谢凡瑶很不理解经理的意图。但是后来，她发现经理一边走一边在整理顾客乱丢的书籍，码放不够整齐的柜台，以及散落在收银台附近无人认领的购物车。

看着这一切，谢凡瑶才恍然大悟，原来经理是在用行动告诉自己："你才是经营卖场的主人！"尽管这不是自己的本职工作，可是作为企业的一员，谢凡瑶应该知道主人翁精神的重要性。经理转过身，对她说："其实你真的很适合做这一层的主管，只是还差一点奉献精神！你要把这里当做是你自己的生意。事实上，你在奉献的同时，不仅为企业创造了利润，自己也会有实实在在的收获，不是吗？"

一个把企业的事当做自己的事来认真对待的员工，无论走到哪里都必然会得到重用。因为所有的企业、所有的管理者都愿意拥有这样的手下，也绝对放心将企业的一切事务交给他们来管理。

如果你将公司的生意看成是自己的，那么你肯定不会仅仅以达到普通员工的标准为满足，而是会自我拟定一个更高的目标去超越。目的并不是做给谁看，而是为了实现自己对自己的挑战！

世界上任何一个人，只要发自内心地将企业当做自己的生意去经营，处处为其利益着想，随时随地对自己的所作所为负责，并且持续不断地寻找解决问题的方法……把自己当做公司的老板，把公司当做是自己的事业，就一定会有真正成为主人翁的那一天。

第三部分 疲劳不抱怨

第七章 不能改变就去适应——不抱怨公司

1. 公司不会适应你，只有你去适应公司

"会是谁，会是我吗?"一到公司就传来要裁员的消息，你便惊慌失措地到处问同一个问题。"对啊，当然是你!"终于有人回答，"除了你还有谁会在夏天抱怨办公室太冷，不许我们开空调? 除了你还有谁会因为没有吃到例会上免费的曲奇饼，唠叨整整一个月? 除了你还有谁会在用了卫生间里的香皂后患上荨麻疹，接着到处广播，生怕有人不知道!"对方的话还在继续，可是你还在听吗?

你经常迟到? 那可不太妙; 你的工作效率很低? 那可太糟糕了。别去理会像"办公室空间太小""公司楼层太高"这些无关紧要的小事，否则，就算你是老总身边的大红人，如此多的抱怨，如此多的牢骚，也足够将你拽下马来了。

或许在你看来，对于工作中某件事发表观点，已经成为你寻求帮助的最后一根救命稻草。就像你认为办公室的座椅不符合人体曲线支撑要求; 就像你提出公司卫生间里摆放的卷纸不是你常用的那个牌子; 就像你既怕冷又怕热，总是与大家唱反调……要知道，这样做会使你成为所有人的眼中钉、肉中刺，况且，损人不利己，你图的是什么呢?

黛丝是一家通信公司的中层干部，在大家眼中，她除了业务娴熟之

外，对办公室一些常规事务的细微变化也会大惊小怪。

曾经仅仅是因为头顶上的一盏荧光灯，她也会激动不已。那段时间，黛丝经常在例会上向老板抱怨，说荧光灯的光线会对大家产生不利影响，而其他人对此并不理会。后来，黛丝竟然主动关掉了离自己最近的那盏荧光灯，改用台灯。这样一来的确方便了她，可是却令其他同事陷入一片黑暗。

在随后，关于采用非有机产品进行清洁服务的项目议题操作过程中，黛丝匆匆写好该项目的备忘录，逐级上报至首席执行官时，她的上司也深深领教了那些令人厌烦的环保习惯。

上至领导下至员工，一致认为黛丝的想法过于苛刻，很多根本就没有必要。可黛丝却表示，自己受不了公司上下如此不环保的行为。就这样僵持了半个月左右，黛丝的上级从高层获悉，有意裁掉部门4%的员工。毫无疑问，上级第一个想到的就是与大家格格不入的黛丝，其大名在上报的裁员名单中位居首位。

很多时候，即便你的抱怨与事情本身毫不相关，也会像瘟疫一样，给你所处的环境带来巨大的影响。每到此时，或许你的上司会主动采取一些有效的方式，来制止瘟疫的蔓延。状况轻微的话，可能只是咳嗽一声，以示提醒；状况严重的话，可能就直接裁员了。你必须相信，老板们一定能做得出，也一定会这么做。

薇薇安是个身材娇小的女人，自入职以来，她就一直笃信"会哭的孩子有奶吃"这句话。所以，在工作上，无论事情大小，都会成为她抱怨的内容。

本来，公司附近有不少价格合理，味道独特的小餐馆，很适合几个同事一起去吃。可唯独薇薇安觉得天天跑出去吃饭太辛苦。这不，她又跟同事抱怨上了："哎，你说，咱们公司规模也不算小，怎么就不开个食堂？像我朋友的公司，那才真是……"

没多久，她又发现了单位福利方面的问题，抓住小细节不放，大做文章："怎么一个破文件夹也要自己跑出去买？这个公司可真是小气！"

当然，还有更频繁的，就是由于没有得到出差旅游或是升职加薪等机会，她更是愤愤不平，抱怨张口就来："哼！凭什么好事都轮给别人

113

做，吃苦受累的就让我上，太欺负人了！"

凡是不满意之处，薇薇安必然会从头到脚数落一通，抱怨一番。长此以往，公司上下也都清楚有这么一个善于挑刺的同事在。可是，不了解情况的外人，往往会认为薇薇安是被长期忽视，才会如此不甘寂寞。

后来，由于几位领导都很不喜欢她那怨妇的形象，所以委婉地请她离开。

一个人不分场合，不分地点，不分时间，只要是自己看不顺眼的，就会大发一通牢骚，毫无顾忌地指责这个，抱怨那个，在职场上，像这样的人，注定要扮演惹人厌恶的角色，不仅同事嗤之以鼻，领导也同样难以忍受自己的公司有这样的人存在。

其实，抱怨公司个别地方不合理，提出需要改进的意见，不是就等同于建议吗？如果我们能掌握好尺度，注意措辞和语气，那么抱怨就完全可以变成：一个员工积极参与公司建设，开动脑筋出谋划策。那岂不是两全其美？

不管针对公司哪一方面提出建议，我们都不妨采用讨论的方式。比如，在座谈会上提出一个问题，然后大家集体讨论，广泛征集意见，可以适当地用"我建议……"作为开头语，来表述自己对某一方面的不满；之后，最好还能提出相应的措施或者建设性意见，尽量减少让在场任何人产生不愉快的可能。

尤其当着老板的面，你能想到的问题，或许别人也想到了。此时，如果你不能提供一个立竿见影的办法给老板，那么起码也应该提出一些对解决问题有参考价值的看法。这样一来，在老板眼中，你就化身成一个在工作上进取心极强的部下，而不再是那个整天只知道抱怨的是非人。

要知道，"吱吱呀呀"不停作响的车轮，可能会得到润滑油，但也可能会直接被丢掉。所以，与其又在夏天抱怨办公室温度太低，倒不如趁早给自己加件毛衣，然后把抱怨的话咽回肚子里。记住：职场杜绝抱怨！

2. 山不过来我过去——改变自己是职业生涯的良好开端

正所谓："人有悲欢离合，月有阴晴圆缺，此事古难全。"在我们漫长的职业生涯中，不顺应该是常态，而顺境则是相对而言的。比如在公司里，领导贪污腐败，小人势力猖獗，同事不配合工作等等，这些都是我们经常会遇到的客观环境。单凭个人能力，恐怕难以改变。

于是，这种工作中的困惑不断累积上升，引发了我们对现实的不满。然而，抱怨、牢骚、气愤之类都无法从根本上解决问题。

当我们处在逆境中，与其心理不平衡，怨天尤人，倒不如既来之则安之，稳扎稳打地做出一番成绩。这样一来，无论将来公司结构发生怎样的变化，我们都是组织最需要的、不可或缺的人。没有关系，就用实力说话；改变不了别人，就想办法改变自己；无法改变环境，就学会适应环境。

曾经人们听说，有位大师经过几十年的修炼，终于练就了"移动大山"的法术，于是纷纷跑来观看。

只见大师镇定自若地在山的对面坐下来，开始闭目养神，很长时间都没有任何动静。又过了许久，围观的人见到山依旧纹丝不动，便开始议论纷纷。这时，大师站起来，从容地走到山脚下，对众人说："世上根本没有什么'移山大法'，即使我在这里坐一天，山也不会自己移过来的。唯一的移山办法就是，山不过来，我就过去！"

"移山大法"告诉我们一个简单的道理：想要让事情有所改变，首先要改变自己；只有改变了自己，才能最终改变属于自己的世界。

想改变环境实在太不容易了，而想改变命运似乎更是比登天还难，可是想改变自己就简单了很多。人类的期望往往与现实反差很大，遇到问题时，尝试着换一种思维方式，或许问题立刻就迎刃而解了。面对生活时，不妨尝试着改变一下自己，或许前途立刻就豁然开朗了。

如果你在工作中有山不过来我过去的心态，那么恭喜你，你的职业生涯已经有了良好的开始。

也许你会问：改变不了别人，就改变我们自己，那么该如何改变呢？

方法一：学会自省。

很多时候，怨恨、抑郁等不良情绪主要源自于我们的内心。其实，只要我们换个角度，重新来审视问题；换种方法，重新来处理问题，结果或许就会迥然不同。

在夏朝，一个背叛的诸侯有扈氏率兵入侵。夏禹派他的儿子伯启奋力抵抗，结果被打败了。部下很不服气，纷纷要求继续进攻，但是伯启却说："不必了。我的兵比他多，地也比他大，可是却被他打败了。这一定是我的德行不如他，带兵方法不如他的缘故。从今天起，我一定要努力改正这些不足。"

从此以后，伯启每天很早便起床工作，粗茶淡饭，体恤百姓，任用贤人，尊敬品德高尚的人。一年之后，有扈氏得知伯启的改过自新，不但不敢再来侵犯，反而自动投降了。

如果我们在遇到失败或挫折时，都能像伯启那样快速虚心地检讨自己，改正缺点，那么最后的胜利一定会属于我们自己。

李嘉诚是著名企业家、商业领袖。他曾告诫年轻的企业家们：当我们梦想成功的时候，我们有没有更刻苦地准备？当我们梦想成为领袖的时候，我们有没有服务于他人的谦恭？我们常常希望改变别人，我们知道什么时候改变自己吗？当我们每天都在批评别人的时候，我们知道该怎样自我反省吗？

方法二：学会放下。

我们的整个职业生涯，可以归纳为"三谋"。

首先是谋人。就是广结人缘，找到事业的靠山；就是建立同盟，打造稳固的后盾。所谓"借人之力，成己之实"，足以解释一切。

其次是谋职。一个人想出头本是天经地义的，可无奈想出头却不能强出头。当我们的主观能动力尚未修炼到家，客观条件也不够成熟之际，暂时的委屈还是要忍受的。

最后是谋事。指的是谋大事，成大业。要想谋大事，就避免不了权力的欲望和成功的渴望，这都是正常的。但当我们处于逆境的时候，不妨暂时把"找靠山""出人头地"以及各种欲望先放下，踏踏实实做事，只为付出，不求回报。这对改变我们的逆境也不失为一种好方法。

从前有大小两位和尚，走在游方的路上。一天，他们二人来到一条河边，遇到一位女子无法过河。大和尚就把这个女子背过了河，然后继续赶路。

他们走了很长一段路之后，小和尚问道："师兄啊，戒律上不是说不近女色，你怎么还能背她过河呢？"大和尚笑道："哈哈，你是说那个过河的女子吧？我早就把她放下了，谁知道你还背着！"

困境中的我们，就像那个小和尚，拿不起也放不下，导致人生路上负载的东西太多，被压得喘不过气来。

方法三：学会改变自己。

要让事情改变，首先要改变自己；要让事情变得更好，首先要让自己变得更好。

人世间风云变幻，竞争已逐渐演变成一场残酷的战斗。在这样的环境中，想要改变自己的命运，更需要从容淡定。当我们成功地改变了自己之后，所处的环境也会跟着发生改变。

因为社会不可能以某个人的意志为转移，所以最终需要改变的仍然是我们自己。

人生旅途漫长崎岖，不可能永远是一马平川。鲁迅先生曾经说过："世间本来没有路，走的人多了，也便成了路。"走路之人，必然心怀梦想，脚踏实地，不会被眼前丛生的杂草困住，也不会被四周靓丽的风景诱惑。我们要想办法，让命运的杂草在自己脚下化为泥土，将诱惑的风景统统甩在身后。

3. 不抱怨公司小：到了微软你就能干好吗

俗话说："有能力者走遍天下，无能力者寸步难行。"对每一个员工来说，影响前程的不是公司大小，也不是职位高低，而是能否停止抱怨，专注于提升个人能力，创造出令人信服的业绩。

"这家公司太小，我根本学不到东西，看来是没什么发展空间了。""老板真土气，看样子是无法带领我们致富了。""这个公司的管理简直一团糟，想当年我在某某跨国集团的时候……"在你忙着抱怨公司规模太小、实力不够强大的时候，有没有反醒过自身的能力？倘若你在小公司都无法遥遥领先，那么到了大公司就能干得出色吗？

几乎所有人都向往人性化的管理，完美的待遇体系，舒适的工作环境，免费的一日三餐，五星级厨师全天待命，员工可以随时享用零食，累了可以进行免费按摩和水疗……相信由世界首富比尔·盖茨创办的微软，就是不少人心中梦寐以求的职业天堂。

可是，微软不属于慈善机构，容不下浑水摸鱼、好吃懒做的人。所以在做梦之前，你不妨先扪心自问一下：自己到了微软，真的能够胜任那份工作吗？恐怕你不改掉抱怨的毛病，不努力提升自己的价值，无论在什么公司，都得不到好的发展。

廖杰今年 36 岁，毕业于某重点大学，原本应该有份不错的工作。可是，如今他却只能待在家里，每月到社区领 400 块钱生活费。

起初老板很器重廖杰，刚上班没多久，就提拔他当了部门经理。两年后，又提拔他当了总经理助理。廖杰的能力很强，不过，他有一个缺点，就是讲话不太注意，喜欢发牢骚。这一点老板早有耳闻，但毕竟人无完人，只要能改正，还是可以重用的。但是，自从做了总经理助理，廖杰不仅没有改掉自己的毛病，反而变本加厉，甚至当着老板的面抱怨不休。

于是，老板开始渐渐冷落他，先是免去了他总经理助理的职务，后来又免去了他部门经理的职务。这下可好，廖杰的牢骚话就更多了。不但自己消极怠工，还影响同事工作。考虑到廖杰还年轻，这样下去不是办法，老板只好忍痛将他辞退了。

这之后，廖杰又应聘了几家单位，都被成功录用。刚开始，领导们都很重视他，可当他抱怨的毛病渐渐显露出来后，结果一样还是遭到了冷落。廖杰受不了这样的日子，一气之下就彻底不干了，早早过起了退休生活。

假如廖杰能吸取教训，克服抱怨的毛病，或许应聘到其他单位还会比留在原单位更有前途，可他却始终舍不得抛弃满肚子牢骚。要知道，在职场没有人会欢迎牢骚者，也没有领导会重用爱发牢骚的刺头。

相信一个做事认真细致、不怕吃苦、没有抱怨的人，即使能力稍逊，也能有机会得到他人认可。而一个愁眉不展、牢骚满腹、毫无志向的人，即使能力再强，也可能被社会淘汰。这就是当今职场的生存法则。

如今，有一部分人希望在大公司工作，因为待遇好、福利高，说出去也有面子。还有一部分人则希望在小公司工作，因为人事调动灵活，晋升快，甚至可以身兼数职。其实，在大公司和小公司的选择上，最关键的还是要看自己对将来职业生涯的规划是怎样的。如果你有着雄心壮志，想凭借自己的实力去打拼一番事业的话，那么选择小公司就更为明智，可以接触到不同的工作领域，碰到自主创业时可能遇到的种种问题，这些无疑都是对自身能力的培养以及心智的磨练。相反，如果你是一个向往白领生活的上班族，只想稳定地生活，那么选择大公司会更加合适。总而言之，不管大小，认清自己方向，找准自己的位置，不抱怨、不计较、不发牢骚，才是对待公司的正确方式。

许多人总是一方面希望得到老板的重视和晋升的机会，而另一方面却又抱怨工作太多，休息太少，于是能省则省，能歇就歇。这些抱怨分子，只看得到他人的高薪，却看不到他人的辛苦与努力，又怎么可能得到重用呢？就算是勉强将其放在重要的位置上，没有吃苦耐劳的精神和相关的技能，到头来还是无法胜任的。

其实，那些在事业上取得卓越成就的人，往往都不是幸运女神的宠儿，他们只是在一些平凡的工作岗位上，从事着普通人的工作。然而，不同的是，他们绝不会抱怨公司，也不会抱怨社会，把全部注意力都集中在自己的工作上，认真、勤奋地完成手中的工作，通过努力来证明自己的价值。

4. 抱怨公司的制度，不如改变自己的态度

如果孙悟空不是受到紧箍咒的约束，那么它恐怕难逃为妖的命运，更不可能修成正果；如果唐僧不是运用紧箍咒来整顿纪律，那么恐怕也无法抵达天竺，获取真经。同理，今天让员工深恶痛绝的公司制度，就像是唐僧默念的紧箍咒，不仅是领导约束员工行为的手段，更是帮助员工更快成长的方法。

现如今，每当提及自己公司的种种制度，很多人都会呈现出相差无几的表情，有意无意地显露出内心的反感、抱怨和勉强。之所以选择"接受"并"遵守"公司的各项规定，主要是担心被公司处罚，扣薪水

甚至撤职。于是，这些人在领导面前表现得小心谨慎。但只要离开领导的视线，便会立刻恢复原型，"妖"态百出。

值得深思的是，这种"两面派"现象，在自身条件相对较好的员工身上尤为常见。这些优秀员工总认为自己的业绩好，为企业创造的利润多，理应受到特殊对待；坚持我行我素的工作态度，不把那些规章制度放在眼里，就像《西游记》中的孙悟空一样。

青岛某业务公司为了开拓领域，需要大力培植一些更高素质的部门，准备从基层选拔相应的人才来担任领导。

作为销售部的主力，任光曦的业绩一直处于公司的领先地位。他头脑灵活、思维敏捷，是这次选拔的头号种子。公司本打算让他负责新市场的营销部门，给他更大的空间自由发展，可是，任光曦却辜负了公司领导的厚望。

原来，尽管任光曦业绩遥遥领先，却丝毫不愿受公司各项规章制度的约束。不论是行为还是态度都过于自我，常常与团队分离作战，独来独往，尤其是在开会的时候听 MP3，在办公楼内抽烟，不穿工服等等，多多少少会影响其他员工的正常工作。

公司董事会研究认为：不能纵容任光曦这些与公司制度格格不入的行为，更不能让任光曦自居自傲的心态影响到公司里其他员工。虽然老板也感到非常惋惜，但为了企业的长远发展，自己必须一碗水端平，不得不忍痛割爱，将任光曦辞退。

一个不能融入集体的人，是无法带领团队共同进步，走向成功的，而不愿意被约束的人也无法成为出色的领导，因为任人唯贤是很多企业的用人标准。由此可见，如果你不能有效地控制自己的性格和行为，不能与团队很好地融合在一起，即便你本身再优秀，也不会有太大的发展。可以说，最终淘汰你的，不是公司苛刻的制度，而是你自己。

人类文明进入 21 世纪，靠单枪匹马、孤身奋战已经很难取胜了。很多具有长远发展目标的企业，都纷纷把注意力转向更大战略性的合作与共赢。而在企业内部，当然也少不了组建高质、高效、高能的团队，用来参与竞争。只是，人类生来就不愿被约束，这也是我们面对公司出台的种种制度会抱怨的原因。然而，作为企业的一名员工，无论是计划长久地发展，还是想日后自主创业，都有必要适应公司的规章制度，并完全融入企业的文化当中，随后再通过公司搭建的平台，将自己炼就成为真正可以独当一面的人才。到时候，又何愁没有属于自己的江山呢？

当然，企业的制度就像禁锢一样，如果能运用得恰到好处，不但有助于管理，还能提高员工本身的自觉性和纪律性，最大限度地激发潜质，形成良好的职业习惯。

制度作为一家公司的运营基础确实很重要，但从另一个角度来说，尽管制度的存在有助于企业的发展，可是也不能太过死板，甚至苛刻。良好的制度有利于公司与员工的共同发展和进步，而不合理的制度则会适得其反。

5. 到下一家公司你就不会再抱怨了吗

在我们身边，因为一些小问题得不到解决而频繁跳槽的例子绝不在少数。同时，我们也会发现，这些因为抱怨公司最终选择离职的人，不管到哪里，也一样摆脱不了自己心中那作祟的魔鬼。即便是不同行业、不同职位，只要在公司里，只要是一份工作，想胜任就不能太过计较。

世上没有绝对完美的东西，也不可能存在丝毫没有问题的企业和工作。如果你因为这些客观问题的存在而选择离开或者敷衍工作的话，那么你将永远都处在平庸的层次，无法提升能力，也谈不上发展。其实，我们工作的过程，正是不断发现问题、解决问题的过程。但如今却有很多员工只考虑自己的利益，故步自封、按部就班地完成老板吩咐的事情，同时认为自己在工作或者已经完成工作。殊不知，这样做却是将问题原封不动地留给了别人。

最近，宋泽轩对自己的公司越来越失望。老板神出鬼没，整天不知去向。工作遇到的问题也太多，把自己弄得焦头烂额不说，还得不到任何肯定和称赞。于是，宋泽轩越发暴躁不安，牢骚满腹，想要跳槽又安定不下心来找工作，最后不得不向心理医生寻求帮助。

了解情况后，心理医生建议道："我带你去一个地方吧。"

随后，心理医生开车来到了郊外。宋泽轩推开车门一看，不禁冒起了冷汗，原来这里是一处墓地。心理医生指着面前的那一片墓地，对宋泽轩说："我想只有这里才能满足你没有问题的愿望，也只有生活在这里的人，才永远不必担心会被问题困扰。"

宋泽轩恍然大悟。

是的，只要我们还活着，问题就不会消亡。从小时候的吃饭、读书、写字，到后来谈恋爱、约会、人际交往，再到后来参加工作……这一路走来，我们所经历的困难无数，但却被我们一一化解了。所以，对于公司这个小社会来说，有问题，有矛盾就再正常不过了。要知道，做了并不等于工作，你的逃避并不能使公司的问题得到彻底解决，反而还会使公司的发展受到阻碍，从而影响我们个人的前途。

无论什么情况，我们首先要做的都不是抱怨，更不是逃避，而是勇敢地去面对、去学习、去探究，找到能解决问题的方法，使问题迎刃而解。

我们必须明白，问题是不可能因为我们的回避而消失的，一味地推卸责任可能会使问题更严重。最好的解决办法就是人人都做有心员工，勇敢地承担起自己的责任，积极乐观地寻找有效的解决途径。事实上，也只有那些敢于面对问题、肯主动去解决问题的人，才能最终得到老板的青睐和重用。

杨嘉思大专毕业后，进入一家化妆品公司。由于学历不高，又没有经验，她在办公室里不得不听从老员工的使唤，端茶倒水、扫地擦桌、外出跑腿等等，全部都是她一个人的活。好友劝她趁时间不长赶紧换一家公司，可杨嘉思却坚持要留下。

在刚刚接受完入职培训不久，老板想派一个经验丰富的员工去另外一个城市开拓新市场。可是，在晨会上宣布这一决定之后，却没有一个人自告奋勇，平时剑拔弩张的那些老员工们此时都把头埋进了臂弯里。其实，老板心里有数，开拓新市场的确会遇到很多意想不到的困难，万一砸了，责任就要一个人来承担，有谁愿意做吃力不讨好的事呢？

正当局面陷入一片沉寂的时候，杨嘉思出乎意料地举起手说："报告，如果可以的话，我想去！"周围的老员工们都将目光转向她，好像在说："我们都不敢接的挑战，你才刚来几天，逞什么能？"老板也有点不相信："但是，你……"话还没说完，杨嘉思就抢着说："虽然我是新员工，但是相信只要我全力以赴，就没有克服不了的困难，保证顺利完成任务。"

于是，老板同意了她的请求，并以对新员工的考验为名，安排各项事宜。下班后，同事们议论纷纷，对杨嘉思的举动都表示不解，觉得她是不知天高地厚。而父母得知消息，也是责备杨嘉思太不懂事，认为自己的女儿不能担此重任。可是，越多人反对，越多人质疑，杨嘉思的立场就越坚定。她想："你们越是认为我做不到，我就偏要做给你们看！"

老板很赏识杨嘉思的勇气，并专门为她制定了一套方案，提供后方的鼎力支持和咨询服务。经过半年艰苦奋战，杨嘉思终于在原本陌生的城市，建起了一个稳定的市场拓展点，而且还在不断扩大规模，她也理所当然地成为当地分公司的经理。

身在职场，我们必须明白：这家公司存在的问题，到了下一家公司同样还是会存在，甚至愈演愈烈。所以，面对问题我们不能逃避，而是要想尽办法来解决。只有解决了问题，公司才能得到更大的发展；只有公司得到了发展，我们的能力才能获得提升，才能赢得老板的赏识，才有机会晋升和发展。

或许是我们还没有认识到，对任何一个抱怨的员工来说，公司管理制度、公司环境、公司同事等落后问题，是很多小企业存在的缺陷。身为员工，在这种时候不仅要更加勤奋地做事，还要学会应对各种可能的突发事件，共同创造工作的环境。

只要公司存在，就永远有问题存在。不管是大公司还是小公司，只要客观地去看待周围的一切，问题应该都将不再是问题！

6. 你在公司的船上，是主人不是乘客

如果有人问你："对于一个成功的企业家来说，什么才是他最伟大的成就？"你会怎么回答？是白手起家的魄力，还是坚持不懈的努力？是准确把握市场，还是适时规避风险？这些或许都可以算作成就，但还配不上"最"。

在这个世界上，并不缺少本领卓越、能力超群的人才，反而缺少在危急关头不退缩，肯留下来与公司并肩作战、共同进退的员工。相信只有亲身经历过的个人或集体，才能更深刻、更真切地体会到个中滋味。

若是将商场比作汪洋大海，那么在海上航行的船只代表的就是一家

家独立的企业。不管谁是老板，谁是职员，一旦你们搭上同一只船，就意味着你们有共同的理想、共同的前进方向、共同的目的地。从此，船上每一个人的生命和利益都会紧密地联系在一起，船的命运就是大家的命运。

"本福尔德号"是美国海军一艘价值 10 亿美元的导弹驱逐舰。尽管它拥有最现代化的导弹系统，是全世界一流的军舰，可是舰上的水兵却总是士气莫名低落，更有很多人巴不得赶紧退役，早日离开这里。

终于，这种奇怪的现象在迈克尔·阿伯拉肖夫出任舰长两年以后，彻底被颠覆了。全体官兵上下齐心，整个团队士气高涨。"本福尔德号"成为美国海军名副其实的王牌驱逐舰。

外界对此表示很惊讶，他们想不出在短短的二十几个月里，迈克尔·阿伯拉肖夫究竟施了什么魔法，造就了这支充满自信、责任感极强的团队。

原来，"秘密武器"就是一句口号：这是你的船！阿伯拉肖夫当上舰长后，告诉水兵："这是你的船，所以你必须对它负责到底。你不仅要与这艘船共命运，还要与这艘船上的人共命运。所有属于你的事，都需要由你自己来决定。当然，你必须对自己的行为负责！"

从那以后，"这是你的船"成了"本福尔德号"的口号。在所有水兵心中，管理好"本福尔德号"是职责所在，当然要尽心尽力地完成每一项工作。

企业这艘大船要想抵达成功的彼岸，不仅需要精英团队，更需要"命运的舵手"。"掌舵之人"不一定是老板，也不一定是销售冠军，每一个在船上的人都有可能执掌所有人的命运。哪怕你只是一名普通员工，也绝不能以乘客出门旅行的心态，穿越自己浩瀚的人生，必须拿出主人翁的精神，去管理、呵护这艘船。

不错，你就是船长！面对风浪，面对暗礁，面对各种各样可能出现的危险，你要放平心情，牢牢把握住"命运的舵盘"，与自己的老板和战友们同舟共济，齐心协力地保护大船乘风破浪，平安地驶向大家心中的理想码头。

年轻的霍夫在洛杉矶一家有名的文化公司找到了工作。他的直接领导正是该公司的总裁——约翰逊。他尽管只大霍夫几岁，可是却有着成功人士的谈吐与风度。

　　起初，公司运转正常，霍夫的工作也很舒服。后来，公司接了一个很大的广告项目，耗资几百万美元。由于公司资金紧张，可能本月工资来不及按时下发。为此，约翰逊总裁临时召集全体员工，向大家解释了为何本月工资要等下月一起发放的原因，诚恳地道歉后承诺：只要项目完成，利润共享。所有员工都表示赞同。

　　然而，就在大家辛苦奔波，拿到全套审批手续的时候，公司却因为资金缺乏，完全陷入停滞状态。别说发工资，就连日常的开支都难以应付。同时，鉴于公司前景堪忧，银行业拒绝了贷款。在商讨会上，霍夫提议全体员工集资。总裁笑了笑，无奈地拍着他的肩膀说："能集多少钱呢？勉强集个几十万，不过是杯水车薪，连一个缺口都堵不住，更别谈脱离瘫痪了。"

　　不管怎么样，约翰逊认为有必要向全体员工坦白公司的现状。结果，一时间整个公司人心涣散，员工纷纷离职。部分没有领到薪水的员工围堵在总裁办公室门外，最后见约翰逊实在无能为力，这些人就各取所需，将公司洗劫一空。

　　霍夫不甘心看着大好机会付诸东流，他想："沙漠中没有水的人都能生存，我们怎么就不能？"于是，霍夫更加积极地筹钱，挽留公司职员。只可惜力量太小，不到一周时间，公司就只剩下屈指可数的几个人了。而霍夫依然坚持着，并婉言谢绝了其他公司的高薪职位。他对约翰逊说："你和公司都给予了我许多，如今公司陷入困境，我当然要跟你一起共渡难关！"

　　街道广告属于城市规划的重点项目，在政府的催促下，约翰逊只好将这来之不易的项目转给了另一家大公司。在签订合同时，他附加了一个必须执行的条件：就是让霍夫出任该项目开发部经理。约翰逊握着对方的手说："相信我，这是一个难得的人才。只要你同意让他上船，他就一定会与你风雨同舟。"

　　真的很难想象，一个没有忠实员工存在的企业，该如何在血雨腥风的商场上取胜；一个没有敬业精神的能力型员工，该如何在变幻莫测的职场上立足。要知道，在茫茫商海里，公司就是为你保驾护航的船。一个人在商海打拼，若是没有船，恐怕你还没找到成功的机会，就已经被

125

巨浪卷走或是被鲨鱼吞掉了。

在今天这个钱权至上、物欲横流的社会，大多数人都只顾着拼命敛财，谋取更高利益，又怎么会把公司前途当做自己的责任呢？风平浪静的时候还好说，一旦出现危机，这些人首先想到的不是如何抢救和保护这艘大船，反而选择以最快的速度离开。这样的人或许还能找到一份可以维持生计的工作，但仅仅是一份工作，不会取得什么大的成就。

只有把公司看做是一条与自己命运息息相关的船，并且懂得像企业家那样思考和工作的人，才能逐步提升自己的能力，打造出骄人的业绩。

7. 要么离开，要么就闭上抱怨的嘴

每个公司都少不了这样的员工：他们永远不满意自己的工作环境；总是喋喋不休地抱怨公司规模太小，工作职位太低，上司不够开明；一味地等待，不停地索取，期望在公司或身边同事那里获得更多，而自己却不愿付出任何努力……他们的眼睛只能容下消极的东西，自然会感觉命运对自己很不公平。

如果哪件事不幸出了岔子，你的第一反应会不会是推卸责任？接着会抱怨自己没有足够的资源可以利用，或是没有得到公司的绝对支持？然而，你有没有针对自己目前的处境，想过一个可能性，那就是咎由自取。

达西被猎到一家进出口企业担任总监，尽管职位和薪水非常理想，可是他很快就发现，这家公司存在不少问题。比如，战略不清晰、管理制度混乱、保险不健全、老板一天一个想法等等。有一次，达西在情急之下，竟然当着老板和几位董事的面抱怨道："我想你聘请我的目的也是为了公司发展，而不是为了让我来听你一天一变卦的吧？"随后，他又来到同事屋里，跟他们继续抱怨，表示这样的企业和老板不值得自己效力，跳槽是早晚的事。

有一天，他又发现了新大陆，声称自己是掉进了火坑，抱怨世界上居然还有像这家公司一样落后的制度和管理。无意间听到这些的老板很

恼火，想请他立刻走人。可是，想到自己曾经支付的猎头费用还没收回来，岂不是血本无归；想狠心把他留下，可又担心他没完没了地抱怨，成为公司里的不安定因素。

然而，随着达西的抱怨越来越猖獗，老板的犹豫也渐渐被抱怨光了。最后，终于狠心将达西辞掉了。

没有老板会欣赏一个终日与抱怨为伍的员工，哪怕你再优秀，再有能力，恐怕老板也不会愿意勉强自己接受。

心理学家指出："抱怨是一种情绪的发泄。"人有了不满情绪，过于压抑不行，发泄过度、没完没了也一样不行。抱怨非但不能帮助我们解决实际问题，也不能达到宣泄情感、放松心情的目的，过于依赖还会使我们陷入不良情绪里，无法自拔。

或许你还来不及思考：同样都是打工，为什么你一个月只有3000块钱，而唐骏的身价却可以高达10亿？就算人人成为唐骏的概率很小，很不现实，那么经过努力，月薪达到8000或10000的总归大有人在了吧？起码不用挤在合租房里，成天为了鸡毛蒜皮的小事计较个不停。

不错，如今的职场行情是不太乐观，于是喜欢抱怨的人便如雨后春笋般，一夜之间占据了绝大部分空间。然而，我们必须面对现实，既然同样都是在世道不好的情况下生存，为什么人家能成功，你却碌碌无为呢？差距究竟在哪里？是世道堪忧还是自己没本事？

要知道，"抱怨≠解决任何问题"，这个不等式永远成立。如果是因为外界因素使你抱怨，那么不妨考虑离开现在的公司，离开身边的同事，换一个自己认为舒服的环境，重新开始；如果不是因为这些外界因素，而你也不打算离职重新就业的话，就请闭上那张满口抱怨的嘴，脚踏实地地努力，才能过上你想要的生活。

8. 不要用放大镜看自己公司的问题

在职场，有不少习惯用放大镜来看待公司问题的人。哪怕是芝麻绿豆大小的麻烦，也会被放大镜放大到马上就玩完了的程度。自己还得瞎琢磨："公司都垮了，我还傻待着干什么？还不赶紧另寻出路？"

其实，一家处在发展中的公司，出现问题是再正常不过的事了。绝大多数时候，如果老板还没有放弃，那么问题应该严重不到哪里去，起码是通过努力可以解决的。要知道，公司从成立到发展，再到壮大，必然会是一个充满艰难和挑战的过程，一帆风顺不过是老板和员工的美好梦想。如果你在公司遇到麻烦、老板陷入困境的时候，选择明哲保身，离开曾经有恩于你的上司，抛弃曾经辅助你成长的事业平台，只顾全身而退，那么你注定不会成为受老板器重的员工。

不要把注意力集中在公司的困难上面。要知道，在每一个棘手问题的背后，往往都隐藏着能够让你大显身手、赢得老板信任的契机。

最近，卓辉的老板遇到了大麻烦：公司刚刚准备推出一个新产品，还没开始大规模生产，而竞争对手那边却已经抢先推出了极其类似的产品，价格甚至比卓辉公司的成本还要低。许多客户纷纷毁约，老板更是神情恍惚，茶饭不思。如果不赶快想办法扭转局面，公司即将面临破产。

然而，此时公司内部早已人心惶惶，很多员工跳槽，并有传言说公司马上就要解散，待下去也没意思。另外一些尚未离开的员工，也没心思工作，都在暗地里寻找出路。卓辉觉得，现在正是老板需要大家齐心协力的时候，要是都撂挑子走人，公司就只有破产一条路了。

于是，他利用晚上回家之后的时间，静下心来，仔细分析了公司的现状，发现情况还没到无药可救的地步。若是将产品更新换代，或许能再次打开市场。他想起读大学时一位专门从事此项研究的教授，眼前一亮，立即约上产品研发部经理前去拜访。经过大家共同磋商，整理出了改进产品的方案。

老板看到卓辉带来的方案后，紧紧握住了他的手，表示要他代表自己与教授签订合同。几个月后，经过改进的产品上市，好评如潮。新客户的订单像雪片一样飞来，曾经毁约的老客户们也纷纷回头。公司终于摆脱了困境，迎来了前所未有的辉煌。在庆功会上，老板对于卓辉的贡献做出了极大的肯定，并宣布提升他为公司副总裁。

任何事物的成长，都必须跨过一道又一道的坎，一个公司也不例外。此时你所要做的不是撤离和逃避，而是与老板同呼吸共命运。当然，你绝对有权力择木而栖，但又有哪个老板会欣赏一个只能共富贵却不能共患难的员工呢？所以，关键时刻你的选择将会决定你未来职场的命运。

有些人已经工作了三五十年，却突然发现自己再也找不到一点乐趣，除了抱怨还是抱怨。一旦遇到问题，这些人不是束手无策、寻找退路，就是沮丧消极、抱怨不休。因为他们根本就已经习惯了用放大镜来看待公司的缺点和问题，而用望远镜去看待他公司的优势和成绩。或许你还没有想过，帮助公司脱离困境，不正是你转变命运、提升能力的大好机会吗？只不过，机会从来都不眷顾没有准备的人！

回想一下，如果在生病或烦恼时，老板不离不弃，那么当公司遭遇危机时，你怎么忍心丢下老板独自面对残酷的现实压力？要知道，只有那些能够经受住考验，能够在危机中与老板并肩作战的员工，才能在未来的岁月里与公司风雨同舟，与老板携手共进。

不要抱怨自己总是没有机会，更不要埋怨自己得不到老板的器重。倘若你真想获得翻身的机会，首先要问问自己，现在的公司是否还存在着尚未解决的难题？如果有，那么要恭喜你，机会来了。毫不犹豫地抓住它，就离职业生涯的转变不远了。

总之，无论老板或公司遭遇什么问题，作为下属的你都不能坐视不理，甚至匆匆离去。这都是不负责任、不够忠心的表现。相对于那些才华横溢的人，老板似乎更倾心于那些百分百忠诚的人。

9. 感恩公司给自己发展的平台

当我们不满意自己的薪水和职位时，会抱怨公司的财务制度不合理，会抱怨老板就是吝啬的周扒皮；当我们的事业小有所成，不仅升职加薪还得到多方赞扬时，会毫不顾忌地将这一切成就归功于自己的勤奋与努力。奇怪，为什么不满意的时候，我们首先埋怨的是公司，而取得成绩的时候，却忽略了我们脚下承载这一切的舞台呢？

俗话说："只有大台子才能唱大戏。"对于我们而言，公司所扮演的就是这样一个台子。

不论将来你取得了怎样的成绩，身处怎样的地位，都应该对公司心存感激。感激它给了你工作的机会，为你搭建了发展的平台；感激它为你提供了舒适的环境、先进的办公设备以及完善的福利体系；感激它帮助你成就了辉煌的事业，实现了人生的价值……注重培养自己的"感恩之心"，你便会收获意想不到的回报。

在微软总部办公楼上班的几百名员工里，女清洁工是唯一没有任何学历、工作量最大、薪水拿最少的人。可是同时，她也是整栋办公楼里最开心的人！

每天甚至每分钟，她都开心地工作着，对任何人面带微笑，对任何人的要求，即使不在自己的工作范围内，她也会很乐意上前帮把手。

在这里上班的人很快被女清洁工的热情传染了，不少人和她成了好朋友。没有人在意她的工作性质和地位，也没有人能抗拒她如火焰般的热情。渐渐地，整栋办公楼都在她的熏陶下变得快乐了。

对此，比尔·盖茨很惊讶，忍不住问她："能否告知我，是什么让你如此开心地面对每一天？"

"因为我在为世界上最伟大的企业工作呀！"女清洁工自豪地说，"我没有什么文化，很感激这么伟大的企业能给我这份工作，让我有不菲的收入，足够支撑女儿读完大学。而我唯一可以回报的，就是尽可能把工作做好，一想到这些我就非常开心。"

比尔·盖茨被眼前这种感恩的情绪深深打动了，他动情地说："那么，你有没有兴趣成为我们当中正式的一员呢？我想，你才是微软最需要的人。"

"当然，那可是我最大的志向！"女清洁工惊讶地说道。

此后，女清洁工开始利用闲暇时间学习计算机知识，公司里的任何人都愿意帮助她。几个月后，她成了微软的一名正式雇员。

一位临时工对于企业的感恩，无外乎就像接受了世界上最神圣、最迷人的馈赠一般。如果员工都能以这样的心态工作，那么相信任何一个公司都会为之动容。也正因为如此，世界500强企业的大门才会毫不犹豫地向这位临时工敞开。

你勤勤恳恳地工作，为公司的发展贡献力量。从这个角度说，公司是应该感谢你的。而从另外一个角度来说，公司给了你就业的机会，给了你基本的生活保障，更给了你施展才华的舞台。所以，身为员工的你也应该对公司充满感激。

还记得刚走出校门时的我们吗？脸上的稚气尚未褪去，骨子里却张扬着一股不服输的气焰。从最开始的懵懵懂懂，到如今的沉稳老练，除了自身的勤奋努力之外，当然也离不开公司的精心栽培，离不开领导同事的帮助与支持。这一切都值得我们记在心上，感恩在心上。

年轻的布雷斯特是美国某公司的一名职员，如今被派往日本工作。由于已经习惯了美国式轻松随意的工作氛围，布雷斯特完全无法适应日本同事的严肃和拘谨。他找到与自己同是美国人的主管抱怨道："这里简直糟糕透了，我感觉自己像是一条死海里的鱼，再不回去真的快窒息了！"

主管在日本工作多年，完全可以理解布雷斯特的感受。他劝说道："其实，你应该感激公司提供给你一个见世面的机会。不妨每天面带微笑，发自内心地说感谢公司至少40遍。"

尽管不太明白，可布雷斯特还是听从了主管的建议。起初还觉得有些别扭，但几天下来，他发现自己的内心逐渐被感激的情绪占据了，心情平复了很多，而周围的同事似乎也变得比从前友善了。

渐渐地，布雷斯特发现事情并非自己原来想象的那么糟，他开始喜欢日本，并且真的很感激公司，将这个机会留给自己。以至于回到美国多年之后，他仍然对在日本工作的愉快经历念念不忘！

在感恩的同时，我们也不能忘记时刻维护公司的利益。只有保证这个平台持续发展壮大，持续变得完美，它才能反过来为我们创造出更多的机会，提供更广阔的发展空间。当然，公司不仅是我们之间相互交流、沟通、协作的平台，也是我们提升能力和展示才华的平台。只有从这个层面去了解公司，我们的职业生涯才有意义；只有从心中剔除掉"工作＝痛苦＝薪水交换"这个等式之后，我们才能把工作视为乐趣和享受。

可见，感恩能让我们的心情更加愉悦，能使我们的精神状态更加饱满，将感恩情绪带到工作中，还能帮助我们提高工作效率，减少不必要的怨言。

所谓"古来事业由人做"，哪怕胜利的果实掉得满地都是，也要靠你自己弯腰去捡，这种自发的精神来源于感恩。而一味地等、要、靠或是怨天尤人，都是极其愚蠢的行为。正是因为我们彼此心怀感恩，所以才总会想着主动为对方做点什么，提升自我，从而更好地回报那些有恩于我们的个人或集体。

如果你想要继续走向成功，走向卓越，就一定要学会感恩你的公司、感恩你的老板、感恩你的同事、感恩承载这一切的平台。

第八章　把信送给加西亚——不抱怨工作

1. 只找方法不找借口

"这个恐怕有点难度，我经验不够，要不您交给……""我现在正忙着呢，实在没精力再做其他的，要不您找……"老板交代的任务真有这么困难吗？你确定自己把心思全部花在工作上了吗？即使真的有难度，老板也顶多暂时相信你的说辞。但是次数多了，你的借口依然张嘴就来，迟早会被老板或同事戳穿。到那时，你会失去所有人的信任，而一个无法获得老板信任和赏识的人，怎么可能有所发展呢？

找方法的人比找借口的人聪明，虽然找方法会更辛苦，但由于总能出色地解决问题，完成老板交代的任务，久而久之，给大家留下的印象就是："这个人靠得住！"而一个靠得住的人，事业前景自然风光无限。

所以，与其让借口成为你自欺欺人的手段，倒不如勇敢地接受任务，全力以赴地去完成，遇到困难努力克服，提高自身的工作能力；就算最终任务没有出色完成，甚至彻底砸了，也不要找借口推卸责任，主动承担，详细汇报，总结经验教训。这样一来，老板会认为你是个能做大事的可塑之才，对你将来的职业发展非常有利。

李载男是一家鞋厂的销售员，刚刚受老板委派，到偏远地区考察顺便开拓市场。事实上，在这之前老板曾找过另外两名职员。但是，被他们找借口回绝了，因为据了解，那个地方经济状况很糟，消息也相对封闭，根本没有市场可言。而李载男得到老板的指示后，什么也没多问，只是带着一些样品即刻出发了。

一个月后，他回到公司，带回了关于偏远地区的消息。原来，那里的经济并没有人们想象中那么落后，只是由于自负盈亏，很少跟外界联系。再加上几乎没有鞋厂会把注意力集中在那种地方，使得当地百姓鞋子的产品式样完全与市场脱节。李载男把厂里的样品拿给鞋店老板看，

133

对方立即就同意签约。

其实，在出发之前，李载男也认定公司的产品在那里没有销路，可老板的命令必须服从。所以，他还是选择过去试试，并竭尽所能去开拓市场，结果取得了成功。

在喜欢找借口的人那里，明明可以完成的工作，变成了解不开的死结；明明可以一小时完成的工作，却要拖上两三个小时才能搞定；明明可以一天完成的工作，却要两三天才能做好。很多事情正是因为一拖再拖而错过了最佳时机，给企业造成了无法弥补的损失。

我们服务于企业，当然也有必要听从老板的命令。不管做什么事情，都要牢记自己的职责，不管在哪一个岗位，都要对自己的行为负责。接受任务前，不要用借口为自己搪塞或逃避。完成任务后，不要用借口为自己辩解或开脱。要知道，完美的执行不需要任何借口。

善于找借口的你，之所以更容易完不成任务，通常可以分为下列几种情形：首先，客观条件有限，需要你想办法创造条件来完成任务，但你没有去创造条件，因而没有完成任务；其次，实际上你根本没有到岗到位，因此不可能完成任务；最后，尽管你按时就位，可是懒懒散散，身在曹营心在汉，导致工作效率低下，因而没有完成任务。无论是哪一种情形，归根结底，任务是没有完成，也没法向老板交待，情急之下只好找借口来应付老板的问话。自以为只要借口足够漂亮，就能够得到老板的谅解；自以为只要得到了老板的谅解，就可以心安理得，当做什么都没发生了。其实，不管你找到的借口多么冠冕堂皇，工作任务没有完成始终是一件令人不愉快的事。

与找借口相比，更值得推崇的当然是找到解决问题的方法。如果你是一个习惯于找方法的人，那么不管接到多么棘手的任务，都会秉承一个原则：有条件就好好干，没有条件创造条件也要好好干。在这个过程中，只看重结果，不畏惧困难的你，最终总能得到超乎想象的回报。

在这个世界上，只要你选择工作，就意味着要承担责任。这是因为，"工作是没有任何借口的，失败是没有任何借口的，人生也是没有任何借口的"。

请你记住：借口永远是借口，再美丽的借口也是一种消极的工作态度，其释放出来的负面能量将会严重影响你的正常工作生活。因此，当老板吩咐你任务时，不要条件反射般地给自己找借口，更不要推卸责任。老板要的是非凡业绩，而不是你的精妙解释。

哪怕你在接受任务时，还不能肯定自己完全具备成功的条件，也要告诉老板你能行！只有这样，你才能千方百计地去克服困难，为最终胜利完成任务创造条件。

2. 没有卑微的工作，只有卑微的态度

"我怎么能去扫大街？要是让朋友撞见多丢人？""累得像狗一样，才赚得那么点钱，还不如在家歇会的好！""这工作说白了就是打杂的，能有什么前途？我才不做！"正是因为这些"高不成低不就"的抱怨，使得那么多年轻人宁愿在家啃老，也不出去工作，逐渐沦落到"小事不屑做，大事做不了"的尴尬境地。

的确，有一些工作看上去不够高雅，工作环境也相对较差，社会似乎也不太关注……但是，我们万万不能因此就认定这是一份卑微的工作。只要它对社会有益，就值得我们去做。任何一份工作都有独特的价值，没有高低贵贱之分，只有做得好坏优劣之别。

上岗初期，我们都要从最基本的工作做起，甚至还会被分配到那些完全不起眼的岗位。于是，你忍不住开始抱怨，觉得领导瞎了眼，没看出你这匹千里马，委屈地认为自己大材小用。实际上，很少有人一生下来就处于社会上层，绝大多数人都是凭借努力从最底层慢慢爬上来的。关键是我们的工作态度不能卑微，要静下心来，实实在在地去努力，迟早会有属于自己的一片天地。

美国通用电器公司的前任 CEO 朗尼·韦尔奇是管理界叱咤风云的人物。他成功的秘诀只有七个字：做好平凡的工作。

韦尔奇的第一份工作是在一家小鞋店做售货员。看上去这份工作似乎没什么值得炫耀的地方，可是韦尔奇却认为能够与形形色色的人打交道是一件非常有趣的事。因此，他工作得很愉快，总是不厌其烦地向每一位客人推荐鞋子，几乎没有客人走进鞋店会空手而归。这份工作让韦

尔奇学到了一条很重要的生意经：一切为了做成买卖。

韦尔奇从售货员起步，从这份平凡的工作起步，一步一步走来，成就了自己传奇般的事业——世界最大电气公司的掌门人。

事实上，很多人在成名之前都曾经从事过一些不起眼的工作，也经受过挫折和痛苦。但是，咬牙坚持过来之后，还是从社会底层走向成功之巅。

工作只是我们实现个人价值的一个平台而已，本身不分高低贵贱，更与人格尊严毫无关系。老板处理上亿元的投资并购是工作，员工纺纱织布也是工作。我们的价值并不体现于职位的高低，而是在于对待工作的态度。就算你注定是个扫大街的清洁工，也没必要自惭形秽。只要端正态度，发自内心地去热爱自己的工作，像米开朗琪罗作画般投入，全力以赴地履行职责，相信大家也会为你驻足，竖起大拇指感叹道："这是我见过的最杰出的清洁工！"

无论你从事的工作多么琐碎，都不要轻视它。所有正当合法的工作都值得尊重，只要你诚实地劳动，就没有人能贬低你的价值，关键在于你如何看待自己的工作。

弗雷德是一名邮差，是美国众多劳工中很不起眼的一员。然而，就是这样一个从事着社会底层工作的人，在美国却家喻户晓，被很多企业的管理者奉为榜样，原因就在于弗雷德对待工作的态度。

曾经有个居民这样评价弗雷德的工作："他比我还关心我的邮件！"简简单单一句话，足以说明弗雷德对工作的热爱以及乐观积极的心态。

工作是上天赋予我们的使命，无论从事什么样的工作，想要取得成功，就不能看轻自己的工作。要知道，即便是在极其平凡的行业中，在极其低微的岗位上，也会蕴藏着意想不到的绝佳机会。只要你更专注于自己的工作，能更迅速、更完美地把工作完成，调动自己全部的智慧，总结一些新的方法，必然能引起他人的注意，而你也会得到一个展示本领的机会。

《福布斯》杂志的创始人福布斯曾说："做一个一流的卡车司机要比做一个不入流的总经理更光荣，更有满足感。"所以说，世界上没有不重要的工作，只有看不起工作的人。如果你能树立起积极向上的工作态度，那就一定可以在普通的岗位上干出一番事业来。

一个人的成功，只有 15% 取决于他的智商以及人所熟知的事实，而剩下的 85% 则取决于他是否具有积极的态度。可以说，当我们在工作中没有足够明显优势的时候，不妨调整自己积极主动地去工作，让乐观的工作态度成为我们最大的资本。

3. 只有脚踏实地，才能把信送给加西亚

假如给你一张报纸，然后重复对折这个简单的动作。是的，不停地对折！能不能想象，当你完成了 51 万次对折的时候，这张报纸的厚度能达到多少？一堵墙那么厚？还是一栋楼那么厚？这大概是你想象的极限了吧？可是，通过计算机的模拟，结果显示：这个厚度接近于地球与太阳之间的距离。

不错，就是这么一个看似既单调又毫无特色的重复动作，却产生了惊人的结果。那么，这种看起来突然的成功，究竟源于什么呢？

其实，这种动作对于每个人都不难，只是大多数人不屑于去做罢了。现如今全世界都在强调创新，人人都在谈论变化，越来越多的时髦概念把踏实变得模糊、可有可无，原本任何人都能做到的简单事情，现在真的很难有人理解了。

美西战争爆发以后，美国总统必须马上与古巴的起义军将领加西亚取得联络。当时，人们只知道加西亚在古巴大山的丛林里，却没有人能肯定他的确切位置，而美国总统却下令必须尽快获得与他合作的机会。

就在大家一筹莫展的时候，有人对总统说："如果有人能够找到加西亚的话，那么他一定是罗文。"

于是，总统把罗文找来，将自己写给加西亚将军的信交予罗文手中。接下来的事情似乎顺理成章：罗文中尉拿了信，用油纸袋包装好，上封后藏在胸口；坐了 4 天的船到达古巴，再经过 3 个星期，徒步穿越这个危机四伏的岛国，参加了游击战，最终把信送给加西亚。

需要着重强调的是，在罗文接过信之后，既没有问他在什么地方，也没有问找他做什么，只是毫不犹豫地执行！

如果你读过《致加西亚的信》这本书，或许会觉得，与那些影响

世界历史发展和社会进步的伟人相比，罗文真的算不上是个人物，他所做的一切，丝毫不需要具备超人的智慧和胆量，只不过按部就班、一环扣一环地前进罢了。那么，把一个没有过人本领的罗文塑造成英雄，是否言过其实了呢？难道仅仅是因为他完成了把信送给加西亚的任务？

当然不是！人们之所以会永远记住他、怀念他、敬仰他，甚至把他同历史上的伟大人物并列起来，其原因就在于罗文对事业的执着，对工作的一丝不苟，而当今社会企业需要的正是像罗文这种"一步一个脚印"的员工。

踏实绝对不等同于原地踏步，安于现状，停滞不前；踏实需要我们拥有更多的韧性和更明确的目标，纵使向前的每一步都很小，也要时刻不间断地前进。事实上，最后那突然而来的成功，绝大多数都源于这些量微又密集的脚踏实地。

奎恩和托尼斯曼是大学同学，毕业后两人一起进入某著名保险公司工作，当然都是从最基础的业务员做起。

两个月之后，由于工作局面老是打不开，奎恩忍不住开始抱怨：不是抱怨任务太重，就是抱怨保险这个行业没有前途，要不就是抱怨老板难成大器等等。渐渐地，他对这个工作失去了热情，整天懒散得要命，每天都拎着资料，其实出门就丢掉，然后不是打游戏就是找个地方睡大觉。刚干满试用期，他便彻底混不下去了，只好辞职重新找工作。

而托尼斯曼却比老同学要踏实得多，在工作中勤勤恳恳，一步一个脚印地稳扎稳打，想尽办法完成自己的每一项工作。由于工作积极、业绩出众且稳定，一年后，托尼斯曼成了当地的金牌推销员。尽管如此，他依然像最初那样，脚踏实地地工作，丝毫没有骄傲情绪。又过了两年，托尼斯曼被提拔为分公司的市场部总监。

有一次，他代表公司去招聘会现场，竟意外地碰见了奎恩。不同的是，奎恩是以求职者的身份去找工作的。原来，自从离开这家公司后，他始终没有找到满意的工作，到现在还是自由人。

不知奎恩见到风光无限的老同学，心里会不会有些酸？也不知他是否已经意识到脚踏实地的重要性，是否懂得要从自身找原因，不再继续好高骛远。如果当年他也能珍惜任何一个工作机会，踏踏实实地把努力落在每一件具体的工作上，或许今天也不需要这样辛苦地找工作了。

俗话说"不积跬步，无以至千里；不积小流，无以成江海"，任何伟大的成就都是一步一步走出来的。只要我们能将飞出去的心收回来，朝着心中那个既定的目标，纵然落后，纵然失败，却总会有到达目的地的那一天。

当我们一步一个脚印地，走出属于自己的成功之路，并在这个过程中磨练出愈挫愈勇、百折不挠的战斗精神，敢问这世上还会有什么坎是我们过不去的呢？

4. 命运赏识有责任心的人

到上班时间了，可窗外却阴冷地下着雨。面对温暖舒适的被窝，你那尚未完全清醒的责任心，又纵容你在床上多躺了两分钟。此时，你会对自己的行为产生质疑，起码会认为自己没有尽到应尽的责任。

无论你身处何种岗位，无论你是老板还是员工，或许你与其他人之间存在着能力的不同，可这仍然不妨碍你成为一个有责任心的人。因为责任不仅是我们最基本的素质表现，也是我们出色完成每件工作的必备条件，比能力更重要。

不管怎样，我们都不能轻易地向欲望妥协。要知道，对自己不良行为的慈悲就是对崇高责任的亵渎。命运往往会特别关照有责任心的人，所以我们毫无选择。

从前，有一个专门替人割草，打工赚取学费的男孩。这一天，他打电话给詹姆斯太太说："请问，您需不需要割草？"

詹姆斯太太回答说："不需要了，我已经有了一名割草工。"

男孩接着说："我会帮您将草丛中所有的杂草全部拔光，并且保证不会让您有任何损失。"

詹姆斯太太回答："不好意思，我的割草工已经全都做过了。"

男孩仍然没有放弃，继续说："太太，我会帮您把草与四周的走道割齐，并且会把割下来的杂草运走，不会给您造成任何困扰。"

139

詹姆斯太太笑着说："我知道你能做到！可是，我请的那个人也已经做到了。谢谢你，我暂时不需要新的割草工人。"

男孩也挂断了电话，很松弛地望着窗外。此时，室友走过来问他："难道不是你在为詹姆斯太太割草吗？干吗还要打这个电话？"男孩认真地说："我只是想知道，自己究竟做得够不够好！"

不管做什么工作，都不妨随时随地多问问自己："我做得如何？""我是不是已经尽力了？"不要小看这些自问自答，其中隐藏着的，往往就是我们的责任心。

托尔斯泰曾经说过："一个人若是没有热情，他将一事无成，而热情的基点正是责任心。"在任何一个领域，决定我们是不是"高手"的根本因素不是技术，也不是能力，更不是业绩……说到根处，能真正分出高下的就只有责任心。如果你没有足够强烈的责任心，那么就算你有再大的能耐，也一定做不出好的成绩，这就是责任心重要的地方。

只要工作，就意味着责任！在这个世界上，没有不需要承担责任的工作；反倒是你的职位越高、权力越大，你所肩负的责任也就越重。不要害怕承担责任，这是命运给我们的挑战，只要你肯下决心，愿意付出努力去工作，就一定可以承担任何正常职业生涯中的责任，相信你一定可以比前辈完成得更出色。

世界上最愚蠢的行为莫过于推卸眼前的责任了。或许你认为，等以后各方面都准备好了，条件也成熟了再去承担责任的效果会更好。如果你真的这么想，那可能过于天真了。当重大责任摆在你面前，需要你一力承担的时候，什么都不要想，去承担它就对了！在这里，"承担"就是最好的准备。不要拿"不习惯""心里没底"等作为借口，那样的话你将永远也没有勇气担负起需要你承担的责任。

借口会让我们忘却责任，事实上，每一个人通常都会比自己想象的更好。当你把借口抛弃，改变心意的时候，根本不必做任何提升自己的努力，只需要把自己原有的技能与天赋释放出来就足够了。那时你会发现，不断强化的责任心正在一点点地推动你向着更高更远的目标前进。

不要自以为是，不要忘记自己的责任。巴顿将军有句名言："自以为了不起的人一文不值。遇到这种军官，我会马上调换他的职务。每个人都必须心甘情愿地为完成任务而献身。"在战争年代，身为士兵的你一旦认为自己很了不起，就会自然而然地想着远离前线，到后方指挥作战，这显然是一种胆小懦弱的表现。

巴顿将军所强调的是：在作战中，每个人都不能忘记自己的责任。要参与并且付出，到最需要你的地方去，做你必须做的事，这才是最重要的。

不要妄想利用自己曾经取得的功绩，或是手中的权力来掩饰失职失责的错误。我们之所以习惯为自己的过失寻遍理由，找尽借口，就是因为"自以为是"，自以为只要找到理由和借口就可以逃脱惩罚。然而，正确的做法则是勇敢地承认它们，接受它们，解释它们，并为它们道歉。当然，最重要的还是利用它们，让身边的人看到我们是如何承担责任并从过失中吸取教训的。这不仅是一种对待工作的态度，更是一种诠释生命的态度。

只要我们不把借口摆在面前，就一定可以完全地、尽职尽责地做好一切，得到老板以及命运的赏识。

5. 平凡的岗位一样能造就成功

你握着硕士文凭，当然不甘心在办公室做端茶递水的杂工。于是，你开始抱怨："这活也太简单了！不用动脑子，是人就能做，把我放在这个岗位上不是大材小用了吗？"不错，打扫卫生，任何一个健全的人都能做，但真的是谁都可以做好的吗？

世界上没有绝对简单的工作，却有绝对简单的大脑！做工作不难，难在做出成绩。从这个角度来说，每份工作都不简单。正所谓："一屋不扫，何以扫天下？"真正的铁饭碗不是在一个地方吃一辈子饭，而是一辈子到哪儿都有饭吃。

一般来讲，老板不会轻易将重要的工作交给刚进公司不久的你来负责。此时，你会不会认为自己怀才不遇？会不会抱怨老板有眼无珠？或者，你会考虑如何才能向老板证明自己的实力？如何才能让老板信任自己的能力？

学习数据库专业的蒋骥，带着自己成功的梦想来到移动公司，希望在这里一展拳脚，为自己打拼出一片天地。但让蒋骥接受不了的是，经理居然安排研究生毕业的他去做查缺补漏的工作。

工作内容很简单，就是每天检查数据库系统是否存在安全隐患，检查开关是否各就各位，以及帮助接待员处理一些计算机方面的问题。蒋骥认为，自己绝对有能力进研发组，如今却变相成了网管，自然满肚子怨言，工作起来也总是无精打采的，毕业时的激情全都不见了踪影。

这一天，他又偷懒跑上天台，碰巧遇到研发组的前辈正在核对数据。蒋骥很好奇，便走过去问道："这些工作不是有专人负责的吗？怎么还要你亲自核对？"

前辈没有抬头，也没有停止手头的工作，直到核对完毕，才回答蒋骥的问题："因为涉及系统的安全，所以必须小心谨慎。最近不知道怎么了，服务器总是超负荷工作，整个公司的业务都受到了影响。我想八成是新来的技术人员还不熟悉，就帮他检查一下，看错出在哪里！"

听到这儿，蒋骥的脸腾地一下红了。他开始重新审视自己的工作，结果发现并不简单。作为最接近系统的一线技术人员，除了基本知识和一定水准之外，认真负责的态度也是必不可少的。任何一个细小的失误都将给服务器增加不必要的负担，从而直接影响整个公司设备的正常运行。也就是说，蒋骥必须确保自己的工作完美无缺，这样公司其他同事才能顺利地、高效地完成任务。

认识到这一点，蒋骥再也不抱怨自己的工作简单了。强烈的使命感推动着他出色地完成工作。同时，也推动着他在平凡的岗位中走出不平凡的天地。

有时候，我们所谓的成功，就是在平凡的工作岗位上做出不平凡的成绩。只有唤醒心中的使命感，你才会准确找到自己在公司的位置，承担起属于自己的责任，从而发现原本看似普通的工作，却是整个公司运作的基础源动力。毫无疑问，这时的你对于任何细微的工作都能一丝不苟地负责到底，绝不会把自己未完成的任务留给别人，难道老板还会质疑你的能力吗？

当我们不再抱怨上班途中拥挤的公车，当我们不再抱怨每天重复同样的工作过于单调，当我们不再计较岗位本身而更看重岗位的实际意义……或许我们就会发现，原来自己一直从事的工作并不是那么简单。

所以，即使处于平凡的岗位，也不要产生低人一等的念头。只要你通过自己的坚持与努力，把平凡的工作完成得无可挑剔，就能跨越平凡，成为精英中的精英。

由于工厂不景气，才40出头的邵桂兰被迫下岗，在某住宅小区当起了电梯司乘员。如今，只要在小区提起这个名字，所有业主都会竖起大拇指，赞不绝口。

每当有业主搭乘电梯，邵桂兰都会恭敬地说句："您好，欢迎乘坐，请问您到几层？"每当业主到达指定楼层，离开电梯时，她又会礼貌地说句："您慢走。"几句简单朴实的话，就这样随着电梯门的开合，日复一日地被邵桂兰重复着。

从第一天上岗开始，到她被物业公司提拔为基层管理人为止，邵桂兰从未间断过问候。在她看来，这不过是普普通通的礼貌用语。然而，在物业公司领导看来，这却是难能可贵的意志品质。

什么是成功？成功就是不厌其烦地重复一件看似平凡的事情，最终把它变得不平凡。只要你能认真负责地对待工作，在平凡的岗位上坚持不懈地努力，就一定可以将它变得不平凡。

在实际生活中，绝大多数人都属于普通劳动者，能做大事的人毕竟还是少数。不管你服气也好，不服气也好，普通劳动者能做的当然就是一些具体的事、琐碎的事、繁杂的事、单调的事等等。也许你觉得过于平淡，缺乏挑战；也许你认为只是鸡毛蒜皮，毫无价值可言。但这就是现实的生活，是真实的工作，是成就任何伟大事业都不可或缺的基础。

在任何情况下，我们都不要小看或轻视那些平凡的工作岗位。要知道，一个人能心甘情愿地坚守平凡的岗位，没有半句怨言，默默付出十几年、几十年，甚至一生，这种对平凡事业的坚持本身就是一种不平凡。

许多伟大的事业和了不起的成就，都是在不经意间通过点滴小事不断积累才得来的。所以，哪怕面对一些很不起眼的工作，我们也要竭尽全力，做到最好，为将来能够取得卓越的成就夯实基础。

6. 不抱怨工作没前途，将军曾经也是士兵

在职场，我们经常会遇到许多声称自己不顺利的人，最显著的一个共同特点就是：对自己的工作状态极其不满；抱怨行业或企业没有前途，耽误了自己的发展；甚至有人对自己完全绝望，过着破罐破摔，混吃等死的生活。

其实，这些人口口声声抱怨的，并不是导致他们不顺的主要原因。相反，这种无休止抱怨的行为，恰恰说明了他们种种不顺的处境完全是由自己一手造成的。

在大多数情况下，我们根本无权选择自己的工作，但却绝对有权选择对待工作的态度。不管从事怎样的工作，我们都应该投入自己全部的热情，通过努力拼搏，通过乐观的心态去改变自己的命运，摆脱看似平凡的工作，成就自己的辉煌人生。

从前，有三个工人在砌一堵墙。

过路人走过来问道："你们在干什么？"

第一个工人没好气地说："难道你没看见吗？在砌墙！"

第二个工人抬头笑了笑，说道："我们在盖一幢高楼。"

第三个工人边砌边哼着歌曲，脸上挂着灿烂的笑容："我们正在建设一个新城市。"

转眼 10 年过去了，第一个工人在另一个工地上砌墙；第二个工人成了工程师，正坐在办公室中画图纸；而第三个工人呢，则成了前两个工人的老板。

是不是有些意外？他们本来同为建筑工人，为何最后的结局会有这么大的差异呢？原因就在于眼光。第一个工人只看到眼前微薄的薪水，目光短浅使他终日生活在失望与痛苦中，失去了前进的源动力；而后面两个工人则懂得放眼未来，希望之光将痛苦的工作变成了快乐学习的过程，为两人今后事业的蓬勃发展，奠定了坚实的基础。

在我们每个人的体内，都蕴藏着巨大无比的潜能，只有积极向上的乐观心态才能将这些潜能开发出来，帮助我们成就伟大的事业；而消极的悲观心态则会使我们彻底放弃潜能的开发，挥手告别前途的同时，也

令我们变得胆小怕事、软弱无能。

如果此时的你正为自己只是普通士兵而痛苦不已，如果此刻的你正为自己做不了将军而自暴自弃，请不要忘记：世界上没有天生的将军，今天的将军也曾经是个士兵。

由于学历低又没经验，刚进公司的江柔只能到前台做接待工作，内容就是接电话和访客登记。这是一个被大家公认的最没前途的岗位，从来没有人干满一年。可江柔却毫无怨言，还微笑着迎接自己的第一份工作。用她的话说："前途不是选出来的，而是做出来的。"

上班第一天，她换掉了破烂的登记簿，扯下了皱巴巴的部门联系表，用一个崭新漂亮的大本取而代之，封面是她制作的公司简介。至于联系电话，她竟然已经熟记于心了。同事不理解："查电话联系表也就几秒钟，何必死记硬背呢？"江柔笑着说："我的工作就要'问不倒，答得快'，不光电话和房间号，与公司有关的一切我都要心中有数。"

一次，几个国外客户来公司洽谈，江柔安排他们在大厅稍候。这时，细心的江柔听到客户们谈到对新合作伙伴不太了解，便主动走上前，礼貌地说："如果可以的话，请允许我占用各位一点时间，简单介绍一下。"

随后，在众人惊讶的目光中，江柔把公司近几年的销售业绩、市场份额、运行情况很有条理地介绍了一遍。等到销售经理出来迎接客户的时候，听到的全部是对江柔的称赞："你们公司了不得，一个普通的前台都能脱口说出往年的业绩，这需要多么强烈的责任心和归属感啊！我们对这样的企业很有信心！"

事后，总经理不仅奖励了江柔，还准备在年底提拔她进行政部做助理，可谓前途无量。

"前途不是选出来的，而是做出来的。"没有人生来就注定成功或是失败，也没有人生来就注定是将军或是士兵。如果你在失败的逆境中也可以不抱怨、不计较，始终相信自己，抱着积极的心态去工作，那么成功只是早晚的问题。

从你对工作的态度，可以看出你的志向是想成功，还是想平庸；通过了解你的工作态度，可以分析出你对待生命的态度是认真负责，还是敷衍应付。要知道，糊弄工作就等于糊弄生命；放弃工作的前途，就意味着结束生命的旅途。

不管此时你眼前有怎样的挫折和困难，只要你坚信自己可以，就一定能尽快清楚所有障碍，继续向前；不管今天你是否仍然是个普通士兵，只要你坚信自己会是将军，就一定懂得放眼未来，调整好心态，锁定将军这个目标，然后继续前进。

不要没完没了地抱怨工作，那样只会让大好前途离你越来越远。唯有坚持理想，认真负责，全心投入工作，才能保证自己的前途一片光明。

7. 对结果负责，老板要的是功劳不是苦劳

在日常工作中，经常可以听到"没有功劳也有苦劳"这句话。尤其是当你因为自身能力欠缺，没有尽心尽力对待工作时，更是善于用苦劳来安慰自己。你认为工作只要做了，不管有没有结果，都算是完成了任务，理应记上一功。

记功简单，不过在这之前你最好还是先了解一下行情：现如今，大部分企业中最受老板重视的员工，已经不再是光知道埋头苦干的那一个了；只有那些干出成果，注重成效的员工，才最具发展前途。联想集团也提出了这样一个理念："不重过程重结果，不重苦劳重功劳。"

企业里最受老板重视的，始终是你的功有多大，而不是你有多苦。所以，如果你想成为老板眼中可以晋升的最佳人选，那么从现在开始，你要追求的就不再是苦劳，而是功劳了。

朗爽和齐乐乐是同一家贸易公司的职员，两人年纪相仿，学历相当，入职的年份也差不多。可是几年来，朗爽一直处于上升阶段，而齐乐乐却总是低她一级。对于这点，齐乐乐很不满意，她认为自己各个方面都不比朗爽差，明显是老板有意偏袒。

终于有一天，齐乐乐忍不住了，找老板发起了牢骚："您交代给我的事，我哪件没有努力去完成？不止完成，几乎每天我都会把做不完的工作带回家去，宁愿牺牲睡眠时间，也要保证工作的质量。我这么为公司卖力，为什么你总是先升朗爽不升我？"

"齐乐乐，不如让我来反问你一下。"老板严肃地说，"同样是朝九

晚五的工作时间，同样的工作性质，为什么朗爽能在下班前把工作完成，而你却不能呢？"

齐乐乐一时不知道该说什么好。

老板又接着说："朗爽可以做到'今日事，今日毕'，而你却只能做到'今日事，今夜毕'。我承认，我很感激你为公司付出的苦劳，但我更欣赏朗爽的功劳！"

你以为，日理万机的老板会有多余的时间来关注你为了完成工作吃了多少苦吗？别再天真了，老板看重的只是结果，如果你一再强调自己的苦劳，搞不好还会让老板认为你能力太差，以至于整天忙来忙去却看不见成果。

拿结果说话不仅是企业对员工的要求，也是市场对企业的要求。假如一家企业的所有员工整天不停地跑业务、访客户、发传单……忙得团团转，可结果却连一笔单子都没有签成。这样看来，忙又有何意义呢？

古罗马皇帝哈德良手下有位将军，跟随自己征战沙场多年。有一天，将军觉得自己劳苦功高，是帝国的忠臣，应该得到提升，便在皇帝面前问起这件事。

"我想，我应该提升到一个更重要的领导席位。"将军说，"迄今为止，我已经参加过十次重大战役，论经验谁也不如我丰富。"

哈德良皇帝对人才有着绝对高明的判断力，他并不认为眼前这位将军有能力担任更高的职务。于是，皇帝随手指着拴在周围的驴子说："我亲爱的将军，好好看看这些驴子，它们至少参加过 20 场战役。不过可惜，它们仍然只是驴子。"

工作跟打仗的道理一样。在老板交代的任务面前，我们没有资格谈苦劳，只能讲功劳。丰富的经验与资深的阅历固然重要，但这并不是衡量一个人能力高低的唯一标准。倘若过于看重资历而忽略了能力，就会出现论资排辈的荒谬现象。

俗话说："革命不分先后，功劳却有大小。"企业需要的是能够真正解决问题、勤奋努力工作的员工，而不是那些曾经为企业做出过一定贡献，可如今却完全跟不上发展步伐，还自以为是，光动嘴不动手，倚老卖老的员工。

生活在这个靠实力说话的年代，当然是"能者上庸者下"。相信没有哪个老板愿意拿钱出来，去养一些无用的闲人，那样岂不是跟兴办福利院没什么区别？作为企业的一名员工，我们强调只能是结果，而不是过程。事情没有成功，也不可以为自己找任何借口，没有什么比结果更重要。

如果最终目标没有达到，那么一切努力争取的过程，以及客观条件的约束，都不能作为我们失败的理由。"不管黑猫白猫，只要抓到老鼠就是好猫"，这才是以功劳论英雄的真谛。

8. 记住，这是你的工作

这份工作有点脏，那份工作有点累。正如"金无足赤，人无完人"一样，没有哪份工作可以称得上绝对完美，这样或那样的不如意随处可见。如果我们因此而愤愤不平，抱怨连篇，那么除了会破坏自己的心情，陷入无谓的烦恼之外，什么好处也得不到。

选工作就好比选爱人，一旦我们做出了最终选择，不管它有什么不足，我们都要勇敢地去接受，而不是抱怨；用心来经营，而不是找借口逃避。

毕业于美国西点军校的指挥官费拉尔·凯在《没有任何借口》一书中写下这样一段话："记住，这是你的工作！既然你选择了这个职业，选择了这个岗位，就必须接受它的全部，而不是仅仅只享受它给你带来的益处和快乐。"

霍夫·法里斯13岁那年，就开始在父母的加油站帮忙了。他原本很想学修车，可父母却让他在前台接待顾客。当有汽车开进来时，他需要在车子停稳前就站到车门位置，帮忙检查以及保养车。法里斯发现，如果自己接待得好，下次这位客人还会再来。于是，他开始有意识地主动帮助客人，做一些类似擦车身、风挡以及轮毂上的污渍等职责以外的工作。

这段时间，有位老太太每周都开着她的车来清洗和打蜡。法里斯注意到车很旧，显然开了很长时间，内部地板凹凸不平，打扫起来非常困难。而且，老太太为人十分挑剔，每次法里斯完成工作交车时，她都会再仔细检查一遍，然后严肃地让法里斯再重新打扫，直到清除每一缕棉絮和灰尘才满意。

终于有一天，法里斯实在无法忍受她的吹毛求疵，告诉父亲不愿意再接待她了。谁知，父亲却语重心长地对他说："孩子！记住，这是你的工作！不管顾客说什么或做什么，你都要出色地完成好工作，并以应有的礼貌去对待他们。"

父亲这番话深深地铭刻在法里斯的心中，也贯彻了他往后的职业生涯。

既然你选择了这份职业，选择了这个岗位，就必须接受全部，除了享受它带给你的快乐和利益之外，当然没理由抛弃屈辱和谩骂，更要承受批评和指责，这些也是工作的一部分。

无论遇到什么问题，首先你都应该想一想自己有没有责任，或者有没有什么是需要你来承担的。尽管将导致错误的责任推卸出去，是人的一种本能；或许你本意不想这样，可说出的话却句句都隐藏着这种含义；又或许这只是一个口头禅，是你不经意间的表达，可最终出来的效果却是推卸责任，希望别人来承担。

当然，在某些特定的情况下，确实需要解释甚至是借口，但面对你的工作、面对你的责任，除了正视和承担你没有别的选择。千万不能纵容自己怠慢工作，一旦形成习惯，想改还真的不容易，更何况你也不一定有那个机会。

一家香港公司在深圳成立了办事处，只有一位主管和一名职员。本来成立办事处是需要申报税项的，但办事处没有收入。根据当时具体情况，多方衡量考虑之后，还是没有申报。

两年后，在一次税务检查中，相关部门发现这家办事处从没纳过税，于是罚了几万块钱。大老板在香港得知这件事后，单独召见这位主管，问道："你当时为什么没有申报？"

"我的确想到了税务申报，可是有个职员说很多像咱们这样的办事处都不用申报，所以我们也就考虑不申报了。"主管解释说，"另外，这样可以给公司节省不少钱，我也就没再多想。这些事情都是由职员一手操办的。"

于是，大老板又找到了那位职员，问了同样的问题。职员说："我们没有收入，这样做可以为公司省钱，况且当时很多办事处都没申报。

我把这情况跟主管说了，最终如何定夺应该由她决定。之后主管没再找我谈过这个问题，我也就没报。"

　　了解完情况之后，大老板很快炒了这位主管的鱿鱼。临走前，主管还不服气地说："这些事情都是由职员一手操办的，关我什么事？"

　　如果这位主管肯老实认错，将所有后果承担下来，再适当地解释一下情况，相信老板一定会网开一面，看在她敢做敢当的份上不再追究。可这位主管却犯了一个常识性错误，她没有弄清楚什么是自己的工作，也忘记了曾经对老板的承诺，将本应由自己承担的责任推卸给了一位普通职员。这些行为根本不该是一个管理者所为，老板处理起来当然会毫不留情。

　　只想着接受工作带来的好处和欢乐，是一种不负责任的态度。只知道抱怨工作衍生的压力和困难，是一种目光短浅的表现。如果你已经选定了一份工作，就必须朝着既定目标风雨兼程，竭尽所能地做到最好，并且随时准备承担责任、迎接挑战。就算遭遇逆境，也唯有硬着头皮面对它，想办法解决它。

　　从现在起，就应主动培养自己对工作的感情，时刻牢记"这是你的工作"，以认真负责的态度成就自己光芒四射的人生。

9. 试着喜欢你的工作

　　常常听见周围不少的年轻人感叹，自己的工作是如何枯燥无趣，自己又是如何烦躁不安。如果老是将自己局限在这样一个抱怨的天地里面，只会让自己的工作更加麻木，而且还影响到自己积极进取的态度。尤其是当你已经失去工作的兴趣时，你处理事情会更糟。

　　抱怨不会带给你任何有益的改变，不妨试着喜欢你的工作，让工作变为一种快乐。只有真心地喜欢上你所从事的工作，才能让你的大脑细胞处于巅峰状态，工作效果也才会非常理想。

　　幼旋是一位公交车女司机，这份工作无疑是枯燥的，每天沿着同样的路线跑十来趟，一路上重复几十遍停车、开门、关门的动作。而且一年四季都在忙，就算是春节，也很难有一天完整的休息时间。但是，20多岁的幼旋却从来不觉得这是一件苦差事，反而觉得每天把成百上千的人送往目的地是一种乐趣。为了给大家营造一个干净、整洁的乘车环境，当大部分人还在睡梦中时，幼旋就早早将车辆清扫整理得干干净净。然后准时出发，去迎接那些踏着晨露上班或出行的人们。

幼旋从事这份工作已经三年了，但她从来没有厌倦过。每天有那么多人乘坐她的车安全舒适地到达了目的地，她感到非常欣慰和愉快。

俗话说得好："兴趣是最好的老师。"看来，工作中一旦有了兴趣，无疑就是给自己的行动加上了一个能量充足的马达，这样你才能感觉到原来工作也可以是实现自己人生趣味的一部分。事实上，任何一份工作，都有它独特的快乐的地方。只有当你试图去享受这种快乐的时候，才可以把工作做得很好。

工作的时间久了，就很容易产生倦怠。就像每天一日三餐都要面对最不喜欢的饭菜一样，那种被强迫的滋味实在不好受。但是，决定我们在工作中是否快乐的，客观方面仅仅占一个方面，更重要的一个方面是主观因素，即我们的心态。

其实，很多时候，只要我们用心肯去寻找，都可以找到工作当中的乐趣。比如，你要去做励志演讲，当你站在讲台上讲解知识的时候，会体验到听众的快乐。有时，听众还会对你表示感谢，你会感到欣慰的快乐。

陈坤是一个电脑数控员，自己的工作要求非常细心而且非常谨慎。但是，在这种每日保持高度的集中状态下，他很快就开始厌倦了。因为每天都要和电脑打交道，有时候在那里一待就是一整天，脑袋里面还要不停想着如何编辑程序。所以，他相当地厌倦。

他时常向他的朋友抱怨自己的工作是如何枯燥无味。他的同学都劝他："为什么你不试着去喜欢它呢？也许，你会看到不一样的效果。"一次，陈坤在家沉思工作的时候，觉得自己也的确应该调整一下目前的工作态度。于是，他开始每天都带着好心情而且不是当做自己必须完成的任务去工作。一段时间之后，他发现自己不仅脾气改掉不少，而且对待工作也特别上心了。

我们要明白和接受一个事实，那就是工作不会尽如你意，它的平凡和单调，甚至是烦恼和痛苦都是正常现象。工作也不是娱乐，即便你从事的是娱乐性的工作，它也不会变成真正的娱乐。

　　所以，我们要想喜欢上自己的工作，首先要承认不完美。期望越大，失望也就越大，反而会加重自己的失落感，对工作更加排斥。不如降低期望值，在心理上接受这个事实，然后在这个基础上调整自己的心态。

　　努力去喜欢上自己的工作吧。只有当你心甘情愿地为它付出，才会有无限的热情，还有使不完的精力，并且长年乐此不疲。否则，你可能每天仅仅为了完成任务而工作。这样，时间久了，你就会因为无味的工作而疲惫不堪。

第九章 别把贵人当敌人——不抱怨上司

1. 怨恨你的老板，会把自己逼入死角

你是否经常抱怨老板不理解自己，抱怨老板太吝啬，抱怨老板除了让你埋头干活之外，从不肯给你升职加薪的机会？员工对老板总是有永远都说不完的抱怨，却很少有由衷的感激。但是，你有没有想过，其实我们每天的生活又何尝不是在仰仗他人的奉献呢？

当我们的心里充满怨恨时，就只会考虑自己需要什么，而完全忘记了别人曾经给过你什么。在公司里，你看什么都不顺眼，觉得什么都不如意，终日怨气冲天，牢骚满腹，总认为老板亏欠了自己，却从来感觉不到公司带给你的利益，以及老板为你所付出的一切。时间一长，你便会不由自主地轻视自己的工作，得过且过、敷衍了事、殊不知，这样下去你将有可能永远失去老板的重视和提拔。

卡特迪斯是一名修理工，在经济极为不景气的情况下，他和几名同事一起接到了老板的解聘通知书。面对这一无情的打击，很多早就对老板怀有怨恨的同事集体跑到老板办公室门外，痛痛快快地对老板进行了一顿辱骂，临走时还踹破了公司的大门。

作为老板，他原本也很理解这些失业者的心情，所以也没有过分计较他们的行为。然而，令老板感到吃惊的是，在自己所解聘的众人当中，卡特迪斯却没有参与。于是，他决定去找这个年轻人聊一聊。

老板是在维修车间找到卡特迪斯的，当时他还穿着自己那身油腻的工服，正在修理一台机器。那认真的工作劲头，根本不像一个接到解聘通知的人。

"你不怨恨我吗？"老板问得很直接。

"哦，不，先生！我怎么会怨恨您呢？我一直都非常非常感激您的！感激您为我提供了这个工作机会！我想，您今天之所以做出这样的决

定，也是因为公司受到大环境的影响，您才迫不得已做出这个决定。我能理解，也很同情公司目前的处境。您看，现在离下班时间还有半个小时，我得抓紧时间工作了。"卡特迪斯说完，又埋头继续工作起来。

三个月后，正在街头找工作的卡特迪斯突然接到了前任老板的电话，大意是说公司情况开始好转，只要他愿意，马上可以回来上班。卡特迪斯非常兴奋，但当他回到公司时，却发现自己是公司这次唯一招聘的员工，而之前和他一起被解雇的同事们，依然还在人才市场上彷徨奔波。

毫无疑问，卡特迪斯之所以能再次得到这份工作，与他对待老板的态度密不可分。因为不管在什么情况下，他都能始终如一地感激自己的老板，而不是把老板当做自己的敌人。

由此可见，当我们对工作有任何不理解的地方时，要与老板及时沟通；就算不幸被解雇，也要切实地体谅到老板的处境，礼貌地离开公司；即使心存不满，心有不甘，也不要随意发泄自己的情绪，更不能当众辱骂老板，那样只会让你显得极其不成熟，而且缺乏理性。

范闯中学毕业后一直待业在家，直到三十几岁，才在家人的帮助下托关系找到了一份保洁的工作，成为一名环卫工人。然而，他不但不感激老板给自己工作的机会，反而从上岗的第一天起就开始喋喋不休地抱怨。今天说扫马路这活太脏、太累；明天说老板太抠，发的薪水太少；后天又说一天工作下来，身上臭气熏天，都找不到女朋友，真是丢死人了。

每天，范闯都怀着对老板的抱怨以及对工作的不满，勉强度日。在他看来，自己现在的工作应该属于没本事的人所干的活，根本不符合自己的要求。要日复一日地为可怜的工资出卖劳力，范闯很不甘心，就开始消极怠工，稍有空隙便要滑偷懒，随便应付手中的工作。

一晃几年过去了，当时与范闯一起参加工作的几个工友，都凭着各自努力工作的劲头和强烈的责任感，升职加薪或另谋出路。只有他，因为怨恨老板、怠慢工作而把自己逼到了死角，继续做着他自己十分蔑视的环卫工作。

在你抱怨老板之前，最好先反省一下自己，是不是真的很努力、很认真地对待工作了呢？就算老板真的如你所说，是无情无义的，可却一定不是无知无能的吧？否则，怎么可能成为你的老板呢？会不会是你本身能力不够，无法胜任自己的工作呢？

退一步想，如果没有老板和他领导的公司，那么你就没有现在这个工作，也就不能充分发挥自己的才能，就会失去展示自己、提高自己的机会。

因此，你不但不应该怨恨自己的老板，是不是还应该对老板心存感恩呢？至少，他曾经为你提供了一个机会，一个让你得以生存和发展的机会，一个让你更好地认识自己的机会。与此同时，你更应该把重点放在对自身责任的思考上，不要总认为老板在算计你，剥削你，克扣你的劳动果实。

要知道，对老板心怀感恩的人，无论走到哪里，都会被老板铭记在心。只要你本身具备一定的工作能力，就必然会被提拔，被重用，得到老板的信任与尊重。所以，不要愚蠢到去怨恨自己的老板，那样做将把自己逼入死胡同，永远也难有出头之日。

2. 抱怨上司之前，请做一个合格的下属

你满意自己的老板吗？相信很多人都会将"不满意"三个字抛出来。的确，任何一位老板都会有这样或那样让员工不满意的地方，不是薪水太少，就是束缚太多，再不就是疑心太重……然而，在抱怨老板之前你是否想过，自己是不是老板眼中的满意员工呢？

每一个人都不是天生的管理者，每一个人也都曾经有过做员工的经历。知道老板为什么要雇用你吗？难道仅仅是为了让你每个月机械地完成定量的任务吗？当然不！老板的初衷是希望找一个合格的下属，帮自己解决问题。可是如今，你每天都只完成自己的工作，然后就无精打采地混日子，混到月底领工资……对于额外的工作，哪怕只有一丁点，你都坚决不碰。

请问，以你目前的工作态度，有什么资格来抱怨老板呢？

前不久，安加霖因为工作上的一个失误，整月的奖金都被扣掉了。为此，他对老板很不满意。抱怨积攒得多了，总会有爆发的一天。这不，发泄报仇的机会来了。

这天中午，老板正在会议室里安排接待夏威夷客户的细节，大部分员工都出去吃饭了。安加霖在前台接到航空公司的电话，告知夏威夷客户乘坐的那个航班改期了。挂上电话，他并没有马上进会议室报告这一消息，而是偷笑着打算不吱声，等着看老板出洋相。

果不其然，老板率领众多人马到机场扑了个空，回来后脸色很难看。可这毕竟是他自己的疏忽，也不好找谁发脾气。安加霖看在眼里，乐在心上，憋在心里的那口恶气总算吐了出来！

但是好景不长，老板很快就致电航空公司，询问航班改期的具体情况，并表示要投诉其失职。可是，对方却十分肯定地说打过电话，而且能提供录音。

接下来的事情应该可以想象，老板只要听到录音，就能猜出个八九不离十；再根据电话的时间，便可以推断出当时办公室人员的分布情况。

作为一名员工，我们与老板有着相同的利益。如果老板倒了霉，出了丑，公司的利润受到影响，我们不也要跟着一起受罪吗？当你发现老板的决策出现问题时，与其装聋作哑、闭口不言，倒不如委婉地道出事情的本末，帮助老板化解一场危机，避免一个麻烦，补上一个窟窿……这样做，不仅能保证公司的利益不受损失，还会令老板对你心存感激，日后必定会找机会予以报答。

倘若把职场比作人生的舞会，老板就是"主动邀舞者"，而你则是"被邀者"。当音乐响起，无论是探戈还是华尔兹，作为舞伴的你，都必须配合着对方的舞步。只有与老板形成默契，才能使这个画面和谐完美。不管你的舞技多么高超，都不能甩开老板独自起舞，否则就只能惨遭淘汰。

老板就是老板，你的能力再强，恐怕也无法改变最初的角色定位。身为员工的你必须明白，老板雇用你，是要你来解决问题的。尽管有时候你觉得自己做得很好，可老板依然会批评你，扣奖金。其实，这并非老板有意刁难，或者跟你过不去，他的目的只是为了避免你将犯错进行到底，促使你能更好更快地完成工作。

如果你还不能成为全公司最大的领导，那么就请你时时刻刻配合自己的上级，认真开展工作，给上级最大的支持和帮助。这样一来，只要上级获得晋升的机会，你也就同样有机会。由于你表现出色，还有可能会被上级推荐或直接被上级的上级发掘，那么难得的机会就真的来了。

老板花薪水雇用你，不是想听你抱怨，而是让你来解决问题、创造利润的，这恰恰也为你提供了一个良好的学习环境和足够的成长空间。如果你能把老板的难题看成是自己的难题，积极主动地去解决，力求让所有问题到你这里终止，将最好的结果交还给老板，那么，你便是当之无愧的合格下属，还会发愁没有机会受益吗？

正所谓："要做优秀的领导者，先做杰出的追随者。"我们只有先成为合格的下属，随后才有机会成为出色的领导。所以，不要再抱怨上级的错误和不足了。遇到这种情况，我们应该给予积极协助与帮忙，默默地在背后支持。不要忘了，只有帮助上级获得成功，我们才有进一步发展的机会。

3. 不怕被利用，就怕你没用

在职场中，并不是所有的人都能快乐地工作，其中不乏一些对自己的职业生涯感到心灰意冷的人。有的为公司效力多年，到头来却只换来老板一纸没有生命力的解聘通知书；有的则是本本分分、任劳任怨地为公司卖命，可结果却永远都扮演着小职员的角色。

因为这样而放弃快乐值得吗？职场原本就是现实与冷酷的，要想长久地抱住饭碗，要想受到老板的垂青，除了埋头苦干之外，是不是还应该有点秘技或绝招？要知道，这个世界什么都缺，就是不缺人！如果老板认为你已经完全没有可利用的价值，那么到时候的你就会像失去水分的甘蔗渣一样，被人嫌弃，遭人排挤。所以，成为职场常青树的秘诀就是不断创造自己被利用的价值！

孙宝励毕业于正规财经学院，曾是某国企财务部的骨干，对各项政策法规都很熟悉。所以跳槽后，他很快就被一家通讯公司聘为财务部副经理。

由于他早在几年前就考取了中级会计师职称证书，工作相对很轻松。然而，孙宝励身边的一些同事却都在拼命考取注册会计师执照，也就是高级职称。要知道，一般公司对财务经理的要求也不过是中级职称罢了，而且对年龄的要求起码也在 30 岁以上。孙宝励认为，自己的同事们不过才二十四五岁，就是考下来，短期之内也无用武之地，不值得付出那么多业余时间。

但是没多久，孙宝励的懒惰就使他痛失了升为财务经理的机会。老板认为孙宝励没有进取心，提拔他难以令大家心服口服。一气之下，孙宝励也辞职了。

在第二家公司，他如愿以偿地坐上了财务部第一把交椅。但由于该公司领导很重视对中层干部的培养，经常在周末安排某大学经管系教授的讲座。对于安排在假日里的活动，孙宝励很不喜欢，认为老板是在占用自己的业余时间，因而经常开溜。时间久了，老板很不满意，他只好再次辞职。就这样，短短两年他换了三家企业。财务工作的琐碎以及私企在税务上的不规范，使他渐渐厌恶了会计这一行。

除了计算什么也不会的孙宝励，生平第一次为前途担忧了。

趁着年轻多学点知识、多掌握几门技能没有坏处，所谓"技多不压身"正是这个道理。现如今，各个公司都十分重视复合型人才，因为这样的员工不仅能更好地承担工作，还能节省劳动成本。所以，多掌握一门技术就等于多一份竞争力，多学习一点知识就等于多一点被利用的价值。

我们每个人刚生下来的价值都是零，随着成长中知识的积累和能力的提高，自身的价值也在逐渐地增加。交换和利用是人类文明进化上两个伟大的创举，我们可以把自己掌握的知识、技能、经验、教训，甚至是品格，拿出来与别人进行交换，或者相互利用。而在相互利用的过程中，谁创造了更多的剩余价值，谁就是最后的赢家。

真的不要再抱怨我们被老板利用和压榨了，也不要再找借口说我们没有资源和权利了，那样做不仅不能改变我们的生存现状，反而会加深我们对社会的误解。

关于谁压榨了谁，谁利用了谁，这个问题确实有些复杂。对于绝大多数普通老百姓来说，生存才是最主要的，其次才是更好地生存。即便我们可以消灭资本家，也肯定消灭不了人们贪婪的本性，更消灭不了人们心中的欲望。如果将被人利用与更好地生存放在一起作比较，相信很多人就不会那么在意自己是否被利用了。说穿了，言被利用总比没用好，假如你真的有本事闯出一片天地，也可以找些值得利用的人来被你利用啊！

比尔·盖茨早就对即将步入社会的年轻人说过，绝对的公平是不存在的！要想不被社会淘汰，不被企业抛弃，不被老板当做咀嚼完毕的甘蔗渣……就必须努力地获取知识、增长技能，提高自己被利用的价值。当你被利用的价值到达一定境界，自然而然地就完成了从"人"到"人才"的转化，生活水平也会大大地提高。

不怕被利用，就怕没有用。想想看，如果你完全没有被老板或被社会利用的价值，那么又通过什么手段来改变自己的生活呢？

4. 正确对待老板的"刁难"

如果你总是感觉老板有意无意地在刁难你，那么先别急着抱怨，这并不见得是坏事。老板刁难你，自然有他的理由。身为员工的你不妨先冷静观察一段时间，按照老板的要求尽心尽力地做好自己的工作，没准成功很快就会来敲你的门了。

老板很忙，每天都有大大小小的事物要处理。所以，在一般情况下，若非认定你是可造之材，老板才不会煞费苦心地百般刁难你！这种心理可以归纳为"恨铁不成钢"，希望自己看中的人才能尽快独当一面，成为自己的左膀右臂。只有这样，老板才能腾出时间去考虑更加重要的事情。身为领导，当然不能把自己的想法全部透露给员工，况且老板也只是在观望、在考验，在寻找自己可以委以重任的那个人。所以，很多时候还是需要我们靠自己的心去体会，去领悟。

邢雨欣和尹青在同一个部门，年龄相仿，共同语言也较多。不过，最近一段时间，邢雨欣的心情有些低落，原因是自己明明认真并且超额地完成了上司交代的工作，可是非但得不到半句表扬，上司还总是挑毛病；而尹青则正好相反，完成后不仅能顺利过关，还会得到奖赏。

为此，邢雨欣心里很不服气，她觉得自己无论工作态度还是工作能力，都在尹青之上。当然，这只是心理活动，表面上邢雨欣并没有表现出任何不满，反而加倍努力工作，希望自己的付出也能换来上司的肯定。

　　两个月后，办公室里流传着一个消息：邢雨欣和尹青的上司就要被派往美国总部工作了。而谁能够接替这个位置，自然就成了一个悬念。

　　一天下午，上司突然把邢雨欣叫到办公室，问她："我要去美国总部工作两年，这个消息你知道了吧？"

　　"嗯，听说了，恭喜您！"邢雨欣说着，心里却对上司找她来的目的产生了好奇，难道自己最近的表现又不好了？走之前还不忘批评自己！或者，还是有更不好的事情发生？邢雨欣有点忐忑不安。

　　经理接着问："最近一段时间，你认为自己的工作怎么样？"一听这话，邢雨欣更担心了。可是，她想来想去都没想到自己有什么问题，确实尽了最大努力。于是，她答道："可能与您的要求还有很大差距，但我确实已经尽力地做好每一件事了。"邢雨欣已经准备好了，如果经理要在这个时候以工作表现不好让她走人的话，她一定会据理力争。

　　可谁知经理却笑了。"辛苦你了！我早就接到通知，知道要去美国工作，所以必须尽快找到能接替我的人。"经理说道，"不管从哪个角度来说，我都认为你是最佳人选！可是，你毕竟还年轻，我担心你在处理问题时会意气用事，想利用走之前这段时间帮你提高一下，所以才会经常找你麻烦，希望你不要怪我。"对面的邢雨欣此时完全呆住了，她没想到，经理会这样用心良苦。

　　或许是因为肩负着比员工更多的责任，所以，当员工的工作没有达到要求时，老板不得不唠叨上几句。情急之下，可能也会发顿脾气。这一点曾经让很多员工都难以接受。久而久之，在老板和员工之间，仿佛凭空生成了一道很难逾越的鸿沟，其中的良苦用心也就越来越没人能参透了。

　　很多时候，老板会用一些看上去很像刁难的小手段来考验你的心智是否成熟，是否能够担当更重要的角色。如果此时你没有将这份意图心领神会，那么就会错失非常宝贵的机会。

　　在人生旅途上，父母是最早对我们进行教育的人，可是我们却要等到长大以后，才能渐渐明白这份苦心；进入职场，老板就成了引领我们成长、成功的导师，很多时候，老板的良苦用心甚至会超越我们的父母。只是，我们往往很难体会到，比如进公司后签成的第一张单子，谈成的第一笔生意，拉到的第一个客人……或许我们永远也不会知道，是老板做了手脚，我们才迈出了成功的第一步。

在很多人眼里，老板的刁难更像是在监视、挑错、找茬……由此就产生了很多抱怨甚至仇恨。事实上，我们应该多多理解老板的苦衷，或许批评和惩罚都并非他们的本意，只是因为肩上的担子比我们更重，所以才会无奈地行使一些权力。

不妨试着用心去体谅老板，用行动去回报老板。也许我们会发现，平时凶神恶煞的老板其实也很友善，而平时痛苦不堪的工作其实也可以更轻松、更快乐地完成。

5. 抱怨老板"不识货"，先看看自己是不是"真金"

年终将至，没有如期完成全年计划和目标的你，是否会埋怨公司制度，不能及时地给予你支持和鼓励？是否会抱怨工作性质，不能最大限度地发挥你的优势？是否会归咎于老板不识货，没有好好重用你这块金子？得不到自己预期奖金的你，是考虑跳槽，换一家专业对口的企业重新开始呢，还是选择继续留下，在熟悉的岗位上通过努力来取得成绩？

职场中，许多人最终无法取得成功，并不是因为能力不够、热情不足，而是缺乏一种坚持的精神。这些人做事往往有始无终，过程也是东拼西凑，不仅很容易怀疑自己的目标，就连行动也总是处于犹豫不决中。经常是看准了某个商机，便充满激情地开始做，可是刚做到一半又发现另一个商机或许更有前途……时而信心百倍，时而又情绪低落。也许能暂时取得一些成就，但从长远的人生角度来看，早晚还是失败者。

张邈毕业三年了，在同学和同事眼中，他是一个人才，将来也必定会有光明的前途。

可前两天，张邈却向公司老板提出了辞职申请。这已经是他第 3 次跳槽了，坚持了将近 5 个月，还算时间长的呢！问其原因，他的回答很简单："也许是怀才不遇吧。"

其实，他的问题主要表现为对职业或岗位的不适应，很难融入新的团队。表现在对自身角色认识不清，自视过高，不切实际。总是抱怨老板不懂得重用自己，却从来不去想想，老板怎么会让一个普通执行层的人过多地干涉自己的决策呢？怎么会喜欢成天抱怨、牢骚满腹的员

第三部分 / 疲劳不抱怨

工呢?

尽管智商很高,可情商太低,没有搞清楚自己的身份,竟抱怨一些不关痛痒的事情。自己的工作还没做好,反而先去张罗别人的事。时间长了,自然是同事不待见、领导不喜欢。这样的一个人,只能落得走人的下场。

俗话说"千里马常有,而伯乐不常有",古往今来,多少人感叹怀才不遇,抱怨生不逢时。的确,由于种种原因,历史上关于千里马一辈子都遇不到伯乐的故事数不胜数。不过,慧眼识真才的也不少,像刘备三顾茅庐,宗泽推举岳飞,王亚南赏识陈景润等等。这不仅取决于伯乐,更多的则是取决于人才本身。

对于刚刚进入职场的年轻人来说,如果不能清楚地意识到这一点,必然会经常抱怨工作环境恶劣,想方设法为自己找借口;将虐待老板的游戏,视为自己最爱的发泄方式;成天做着"有朝一日变身有钱人,要老板给自己打工,每天变着法儿折磨他"的春秋大梦,并将这种可笑的幻想当做自己的精神寄托……长此以往,你便会陷入怨天尤人与贫穷交错的旋涡而无法自拔。

某家小公司招聘业务员,在众多求职者中,墨菲属于资历较深的一个。老板担心"小庙容不下大和尚",因而在面谈时很诚实地对他说:"公司目前尚处在发展阶段,恐怕不能支付给您太高的薪水。凭借您的能力,完全可以……"其实,老板的意思是不希望浪费彼此的时间。可让老板意外的是,墨菲竟然接受了这份薪水只有他原来1/3的工作。

上班后,墨菲每天都准时上班,拜访客户也是相当卖力。没多久,他的功力便显露无遗,业绩远远超乎老板的想象,为公司带来了很多意想不到的收入。

于是,老板不仅破格提拔他为业务部经理,还大幅度地增加了他的薪水。在庆功宴上,墨菲诚心诚意地鞠躬,向老板表示感谢。

原来,在来这里工作之前,墨菲已经是原单位的主管,工作清闲,薪水也很丰厚。可是,由于公司一次海外投资失败,总裁出国避债,他也受到牵连,只好另辟蹊径。求职初期,墨菲多次碰壁,不是薪水无法达到自己原来的水平,就是职位与自己要求的相差甚远。那段时间,他一直为自己的怀才不遇而痛苦,也曾经抱怨过老板们"不识货"。直到有一天，他突然在街边广告牌看到一句话："价格是别人给的，随时可以拿走；价值却是自己创造的，任何人也无法夺去。"所以，墨菲做出了调整心态，重新出发的决定。

是真金，就不怕考验！只有智商很高而情商很低的人，才会认为自己怀才不遇。

现如今，我们常常对自己的实际情况认识不足，很容易闯入怀才不遇的误区。先是抱怨老板"不识货"，接着便频繁上演跳蚤戏法。怎知屡次跳槽，仍然找不到自己满意的位置。结果，我们除了一味地责怪世上没有识才的伯乐，抱怨没有"识货"的老板之外，就是不肯客观地掂量一下自己到底是不是千里马，是不是"真金"，让人哭笑不得。

与其终日抱怨、牢骚满腹，倒不如换个角度来看：老板虽然苛刻，但还是会发给你维持生活的薪水；主管虽然冷酷，但你也确实从人家那里学到了不少实用的东西；上司虽然严厉，但总算是帮助你顺利地完成了由懵懂少年到职场老手的蜕变……难道这些不足以让你对老板、主管和上司心存感激吗？

6. 老板得到的多，是因为他付出的多

或许你会问："凭什么老板能拥有超级无敌海景办公室？凭什么老板能生活在高档住宅区，开豪华轿车？凭什么老板不干活却拿着比我高得多的薪水？"如果你在公司毫无顾忌地对这些不公平待遇发表演说，那么很显然，不仅会影响到你的光辉形象，还会让你坠入抱怨的无底深渊。

不错，老板的确赚得比你多。但与此同时，老板也肩负着比你更多的责任和义务。或许是人的劣根性所致，我们很容易注意到老板无限风光的生活，却很难想象在这风光的背后，有着怎样不为人知的痛苦，以及不被理解的苦衷。

老板痛苦付出之一：抉择。

企业初具规模，老板自然风光。可是，未来发展方向的抉择也随之而来。到底要不要将企业继续扩大？如果需要进一步发展，那么是老板自己来做还是聘请职业经理人？如果聘请职业经理人，那么就意味着老

板将要面对与职业经理人之间的种种矛盾；万一处理不好使矛盾升级，职业经理人拍拍屁股就可以走了，可老板却还得收拾烂摊子……这种思考的痛苦是我们身为一名员工所无法体会和理解的。

老板痛苦付出之二：风险。

要经营一家公司，老板所承担的风险无疑是最大的，而且企业规模越大，风险也就越大。

包括前期资金的注入、项目的选择、员工的管理等等，这些压力绝非一般员工能够承受。一旦公司面临破产或倒闭，身为员工的我们可以随时辞职重新开始，而老板却没有选择的余地，只能留下来承担一切可怕的后果。

老板痛苦付出之三：亲情。

处在这样一个位置，老板的付出自然要比普通员工多得多。粗略计算一下老板的工作时间：早上八点钟进办公室，上午主持例会，中午陪客户吃饭，下午接待四面八方的来访，晚上还要继续应酬合作伙伴……比传说中的"三陪"还要辛苦。等到忙完这一切终于可以回家的时候，孩子睡了，太太也睡了。在这个三口之家，夫妻二人的角色似乎更像两种职业：一个是职业老板，一个是职业主妇。由于缺少沟通，两人之间产生的共鸣也越来越少。

老板痛苦付出之四：健康。

很多人做了老板之后，不仅要费力、费神、费脑子整天工作，还要陪吃、陪喝、陪出游不停应酬。"宁愿胃里喝出个小洞洞，也不能在合作上出现小缝缝。"是当今老板生活的真实写照。结果肚子大了，头顶秃了，身体垮了……由此可见，老板的成功，不仅要牺牲自己的时间，还要奉献出自己的健康，而时间和健康的价值应该是远远大于金钱、地位和权力的吧？

老板痛苦付出之五：关系。

不难发现，老板的交际圈通常都很广，但却仅仅是表面的风光罢了。对政府，永远是商和官之间说不清道不明，小心翼翼的关系；对亲人，常年缺乏沟通必然矛盾层出不穷，彼此间的关系也是脆弱得经不起考验；对朋友，经过多年的辛苦创业，曾经一起出生入死的兄弟要么分道扬镳，要么剩下来的就只有上司与下属的关系。

当企业发展到一定阶段，老板已经不可能再跟妻子谈起公司的事，也不能找朋友倾诉工作上的烦恼，因为那些属于商业机密。届时，老板只能与企业中的骨干商讨问题。但说到底毕竟还是上下级的关系，老板不可能将心中真实的想法全部说出来。

有了烦恼，不能和家人说，不能和朋友说，更不能和部下说……高处不胜寒的老板既不能随便外出，也不能随便娱乐，一举一动都要考虑到企业的形象。所以，老板根本享受不到我们所谓的寻常快乐。

老板痛苦付出之六：责任。

一家企业，谁都可以撂挑子，犯脾气，偏偏老板不行；谁都可以随时结账走人，唯独老板不行。不管是大老板还是小老板，手底下总是有成百上千张嘴等着他来养活。如果由于老板的离开而导致企业破产，使很多人面临岗位的重新选择，那么不仅仅对员工，甚至对整个行业都将产生不良的影响。所以，老板在无形中也为社会安定做出了巨大的贡献。

然而，正是这些使命和责任，让老板在拥有财富和权力的同时也必须面对更多的痛苦。比如社会整体的仇富心态，人们对资本家的舆论压力，以及无法在职业舞台自由进退的束缚感等等，都使老板痛苦不堪。

老板痛苦付出之七：改革。

不管是企业作为学习性组织，还是老板本身需要提高，可以肯定的一点就是：很多老板都不得不面临自我改革的痛苦。

或许你会说："为什么要改革？既然以前这么做可以成功，现在这么做应该也没问题吧！"然而，对于一个想要保持自己卓越地位的老板来说，为了防止身边那些渴望超越自己的人，持续的学习和间断性的改革就成为老板的必修课。

职场的复杂绝对超乎你的想象！看到老板在职场上叱咤风云，呼风唤雨，你觉得那真是帅呆了。但是，透过这华丽的表面，你更不能忽略老板曾经付出的艰苦努力。这种完全没有私人时间的生活，你能接受吗？与名车豪宅比起来，相对自由、悠闲的生活是不是更令人向往呢？

这个世界其实是很公平的，付出不一定有回报。但如果不付出，就一定没有回报。不要抱怨老板得到的比你多，而要多想想老板付出的比你更多。如果在了解了老板的心路历程，权衡了自己的得失之后，你仍

165

然感觉心理不平衡，那么就只剩下"努力工作，全力拼搏"这一条路了。凭借你的勤奋，发挥你的优势，争取早日享受到老板的生活吧！

7. 与老板相处，要懂得掩饰自己的锋芒

从踏进办公室的那一刻开始，你就有必要认清形势，端正态度，找准位置。只要你是跟老板一起，不管去哪里、做什么，都必须牢记低调两个字，不要"锋芒太露"、"功高盖主"。当然，如果是初到一家公司，为了给新老板留下良好的印象，适当表现一下也是可以的，但前提是要把握好度。

世上的万物都需要依赖才能得以生存和发展，也只有在和谐平衡的状态下，发展才能延续下去。你刚来公司没两天，连人名都叫不全呢，就别急着向老板进谏了。要处处小心谨慎，切忌以自我为中心。为了有效安抚老板与同事的戒心，你不妨先收敛锐气，保护好自己，再耐心等待时机。

想在如今这个竞争日趋激烈的社会生存，依靠自己的良好表现去赢得一份好工作是无可厚非的。不过，一定要注意时间，注意场合，注意方式。尤其是当着很多人的面，态度更加要诚恳，否则大家很快就会识破你积极背后的企图。所谓"小不忍则乱大谋"，如果你是艘航母，却因为一时性急在阴沟里翻船，那可就得不偿失了。

除了得意时不张扬以外，失意时也不能在公开场合抱怨老板的种种行为。要是你一不小心这样做了，不但老板会厌恶你，同事们更会对你不屑一顾，那么将来你在办公室的日子就难过了。最好能懂得掩饰自己的锋芒，然后再适当地找机会表现自己。

翟坤峰大学毕业后曾就职于一家外资企业，有五年工作经验，后来因为私人理由来到现在这家公司。谁知，才刚上班不久，经理就找他谈了一次话，大致意思是：既然你能力很强，那我就随时准备交班。

其实说心里话，翟坤峰确实认为自己可以取代那个位置，因为对方属于自学成才，知识修养先天不足；而翟坤峰毕竟是科班出身，又有经验，不但工作能力强，还独立有主见。相比之下，经理就逊色多了，如今竟然还表示愿意主动让位，着实给翟坤峰增添了不少勇气。

由于个性率直，喜欢直来直去，因而在讨论工作上的问题时，他常与经理发生争执。尽管经理曾不止一次地暗示过，可翟坤峰却从来不当回事，继续一意孤行。时间长了，经理开始渐渐疏远他，并且有了防备，使得在公司还没有打开局面的翟坤峰失去了施展才能的舞台。

在追求卓越的同时，我们一定不要过分张扬，否则只会给自己、给工作、给前途制造障碍。都说做人要低调，做事要考虑别人的感受，在职场这个极其敏感的战场，自然就要更加小心。那些见缝插针、一有机会就刻意表现自己的人，会传递给老板一种不好的信息，让大家觉得你有些装腔作势。特别是当你的风头盖过了主管甚至老板，你一定会吃不了兜着走。

这样的例子在现实生活中举不胜举。很多人才华出众、功劳显著，对老板、对公司也是赤胆忠心，却莫名其妙地坐了冷板凳，或是干脆被炒了鱿鱼。此时，你还信誓旦旦地去找老板讨说法？真是蠢得可以！正所谓："欲加之罪，何患无辞？"老板根本不用对你做出合理解释，一句话：你既然身在职场，就必须遵守潜规则。作为员工，如果你锋芒太露，就会在无形中威胁到领导的地位和尊严，那么没办法，你只能成为领导杀鸡儆猴的牺牲品。

要想在职业生涯中取得成功，起步阶段非常关键。我们一定要将自己的锋芒暂时隐藏，如果心火太旺，或是棱角太强，就很容易受到外界环境的伤害，不是被浇灭就是被粉碎。最好能够及时调整自己，进行必要的角色转换，为自己发展事业创造良好的环境。

或许你会问："掩饰锋芒岂不是等于掩饰能力？这样一来，老板还怎么能发现我，赏识我呢？"不错，在适当的时候，你还是要展示自己的实力和才华的，所以我们只是掩饰而并非彻底埋藏。

人生需要锋芒，如果一味地跟在别人后面，不思进取的话，我们只能一事无成。然而，物极必反。在某些时候，锋芒就是一把双刃剑，既可以刺伤别人，也可以刺伤自己。在一般情况下，人们大多不会介意别人在性格或运气方面超越自己，但却很少有人能接受在智力或能力上被别人超越，尤其是老板。若是你非要处处都表现得比老板聪明，或是选择在不适当的时候崭露锋芒，那么你恐怕就有被打入冷宫的危险，是要吃大亏的。

8. 感激老板的知遇之恩

在当今职场，老板所扮演的角色，恐怕很少有正面人物，通常不是半夜鸡叫的周扒皮就是著名恶霸黄世仁。以至于身为员工的你总是不停地抱怨老板：不食人间烟火，不懂百姓疾苦啦；恶意拖延作息时间，加班加点却不加钱啦；不体谅下属、无辜克扣薪水等等。可实际上，你的这些抱怨是否确有其事呢？

还记得你刚走出大学校门时的青涩内敛吗？还记得你在招聘会上急得满头大汗也没有合适的工作吗？还记得是谁在人海中拯救了你，给你近距离学习的机会，教你与人相处的智慧吗？还记得是谁在年终表彰会上举荐了你，给你提升能力的空间，教你走出逆境的方法吗？如今，你成功了！获得了高水平机构的认可，吸引了众多关注的目光。此时此刻，你怎么能完全忘记那个曾经有恩于你的人？这个人就是老板！

由于战争的关系，驹井茂春的家园被烧毁了，大儿子也死于战火，事业更是一败涂地。在妻子的劝说下，他决定参加 KENTOKU 石蜡公司的面试。正是在那里，他结识了影响自己一生的铃木清一。

当时，公司急需的是技术人员。所以，考试内容对于出身商学院的茂春如同天书一般。无奈之下，他只好完全放弃，将白卷交了上去。负责监考的正是 KENTOKU 社长铃木清一，看到有人这么早就交白卷，十分惊讶地问道："你是什么样的技术人员？"茂春羞愧难当，脱口而出："我是营销技术人员。"

从言谈当中，铃木清一已经洞悉到了潜力。几天之后，他亲自来到驹井茂春家中拜访。两人针对企业的经营理念，讨论了整整三个小时。随后，铃木清一直截了当地表示希望驹井茂春明天可以来 KENTOKU 上班。或许是被铃木清一的人品和热忱打动了，驹井茂春立即答应下来。从此，两人便携手共创事业的辉煌。

后来，KENTOKU 与美商投资公司合作失败，惨遭合并，铃木清一因为无法接受新东家的经营理念而辞职。这时，尽管驹井已经被任命为新公司的营销部经理，可他总觉得生活好像少了什么。于是，他在寄给铃木清一的贺年卡中诚恳地表示："如果有我能做的，不管什么，请告诉我。"很快，铃木清一就回信了，并询问他是否愿意与自己一起开创新的事业。

虽然驹井茂春十分清楚开创事业的艰辛，但仍然愿意追随铃木清一。因为他之所以能有今天的成就，全靠当年铃木清一的知遇之恩。在驹井茂春的心里，总充斥着一股无法抹去的感激。

对于企业的领导者来说，任何一个微小的细节，都有可能让自己的部下感激一生或者记恨一辈子，而身为老板的责任，就在于发现和奖赏。

你在工作中得到的，要比付出的多得多。如果将工作视为获取知识的途径，我们当然没理由错过其中暗藏的玄机。通过工作，不仅可以增加阅历，积累社会经验，还能提升个人能力，培养人格魅力。而老板，正是引领我们开启职业生涯大门的关键人物，是不是应该感激他的知遇之恩呢？

无论老板的品德和能力如何，我们都应该充满感激。对待精明干练的老板，我们要感激他为我们树立起可以学习的榜样；对待刁钻古怪的老板，我们也要感激他给予我们锻炼意志品质的机会；对待能力有限的老板，我们更要感激他提供给我们自由摸索、大展拳脚的空间。总之，不管怎样，我们都应该以平和的心态来面对职场中的种种困境，不抱怨、不计较，积极地去解决难题，帮老板和自己实现双赢。

毕业于哈佛大学的玛丽小姐，就职于美国邮政服务公司。同事和老板都很喜欢她，对她的友好、善良、勤奋等品德印象深刻。她几乎与每一个相处过的人，都能成为朋友。

有人对此感到好奇，向玛丽小姐询问其与人相处的秘诀是什么？"这应该归功于我的父亲，小时候他就教导我，对周围任何人的给予都要懂得感恩，并永远铭记。"玛丽小姐微笑着说，"获得这份工作是我的幸运，还遇到了这么多友善的同事。虽然老板对工作一丝不苟，但私底下对我却很照顾。是他给了我今天，所以我要特别感激他。"

正是因为玛丽能带着这种感恩的心态去面对困难的工作，面对苛刻的老板，所以她的生活和工作才会越来越顺利。就算有些小悲伤，也会很快烟消云散。

其实，天下间有哪个老板会不青睐知恩图报的员工呢？如果你是一

169

个懂得感恩的人，那么不仅同事乐意帮助你，老板也会很愿意提携你。在他们看来，心中怀有感激的员工，不但通情达理，相处容易，而且工作起来更加热情饱满，对企业也会更加忠诚。

除了家人之外，老板和同事无疑成了与你接触最频繁的人，而老板更是你每天都要面对的、比自己优秀的典范，当然不可以错过任何一个成长的良机。现如今，有很多人不计成本、不惜代价地希望成为杰出者的部下，其目的就是为了随时学习和请教。

或许今天你还只是普通员工，但说不准哪天也有成为领导的可能。不管官大官小，在成长的过程中，你始终都离不开上级的帮助和提拔。当机会摆在眼前的时候，那些懂得感恩的人便会脱颖而出。

与其继续抱怨自己生不逢时，得不到重视，倒不如认真反省一下，到底怎样才能让老板注意到自己的优势？当你尚未取得成绩时，感激老板的知遇之恩，将会令你对工作时刻充满热情；当你取得成绩时，感激老板的知遇之恩，将会令你对事业更加谦虚谨慎。

如果你刚刚小有所成，千万别忙着沾沾自喜，更不要偏执地认为荣誉只属于自己。要知道，离开了老板的支持，你掌中的大权、头顶的光环以及美好的未来……可能都会消失。所以，对于老板的知遇之恩，我们应该永远铭记在心。

第十章　互帮互助携手共赢——不抱怨同事

1. 抱怨同事：为什么不能将心比心

比尔·盖茨曾说："善待你所厌恶的人，因为说不定哪一天你就会为这样的一个人工作。"在职场，想要舒舒服服地获得机会，就必须与周围的同事搞好关系。只有将心比心地善待别人，我们才能同样得到别人的善待。

作为一名员工，你要做的不仅仅是提升自己的能力，完成领导安排的任务，还要时刻控制自己的情绪。比如，不要随心所欲地抱怨和指责同事，也不要有事没事拿同事的缺陷或不幸来开玩笑，更不要在利益的驱使下做出一些伤害同事的行为。这样非但不会给你的工作带来任何好处，反而还会在领导面前将你的幼稚和低能暴露无遗。

在金融危机的大环境影响下，工作越难做，火气就越大，同事之间相互抱怨在所难免。但是，你能否控制住自己的情绪，能否在抱怨还未升级前，浇灭心中的怒火，就显得格外关键。

美国心理学家杰森·道格拉斯指出：在办公室里，有80％的敌对情绪都可以及时被克服。然而，如果你不注意把好自己的关，一旦产生情绪，便会不由自主地把对方的缺点扩大，并在潜意识里将自己装扮成无辜者的角色。此时，倘若对方以"其人之道还治其人之身"，那么你的抱怨就会一发不可收拾，与同事的关系也就越来越没有调和的余地了。

詹姆士是个工作能力极为出众的人才，可他进入公司没多长时间，就被主管解雇了。这个消息让自负的詹姆士觉得很没面子。他径直走向主管的办公室，一脚踢门，拍着主管的桌子咆哮道："凭什么解雇我？是我的工作能力不够吗？很明显，我比外面那些人，甚至是你都出色得多！"

　　主管还没来得及开口解释，詹姆士早已暴跳如雷，怒视着主管，大声喝道："说话呀！是我没有创新意识吗？要知道，我们部门几项重要的改革措施，都是我最先建议的。解雇我？你是瞎了眼，还是扮失忆啊？"

　　怒气冲冲的詹姆士两眼喷火，用手指着主管的鼻子，狠狠地说："听着，这样对我太不公平了！现在不是你解雇我，是我自己不干了。但是，我不会就这么算了，咱们走着瞧！"

　　"先别激动，我还一句话都没说呢，你已经快要燃烧了。"主管冷静地说道，"恕我直言，我从未怀疑过你的能力，甚至十分欣赏你的才华。不错，你的能力很突出，不仅超越了同事，也超越了我。但是很遗憾，你在为人处世上太过幼稚，不仅完全不懂得将心比心地为别人设想，更不懂得尊重自己的战友，实在是太傲慢无礼了。公司一直以形象良好、服务贴心的口碑立足于市场，而你对自己的同事、领导都可以毫不顾忌地抱怨、发脾气，很难想象你面对客户会是多么蛮横无理。这是我们坚决不愿意看到的，也是觉得无法接受的！"

　　"可……这应该属于我的私事吧？我想，我如何对待同事跟我的工作并不冲突。况且，到目前为止，我也没有因为你说的那些而影响自己的工作，不是吗？"詹姆士争辩道。

　　"如果你留在家里，那么绝对没问题。我从来没有否认过这一点，但现在的问题是，你已经成为我们公司的一名员工了。"主管耸耸肩，"实在抱歉，由于你缺乏做人起码的道德，而且已经严重地影响了周围同事的工作，大家都表示很难和与你相处。企业是很重视员工的能力，可是也同样重视员工的职业道德品质。对于任何可能破坏公司形象的行为，我们都必须不遗余力地制止。所以，只好请你另谋高就了！"

　　一个人如果不懂得尊重同事，不能设身处地地为同事着想，即使能力再强，本事再大，也难逃被企业淘汰的命运。虽然我们每个人都是相对独立的个体，似乎不需要顾及周围人的感受，但一进入职场，我们就不再是个体，而是一个集体了，所处的环境发生了改变，对待事物的方法也要跟着变。将心比心是我们在集体中生存的基本法则，也是一个人应该拥有的、最起码的道德品质。

　　那么，在与同事的相处中，如何做到将心比心呢？

首先，对调位置，把自己当成别人。

当我们春风得意或者选择正确的时候，切忌过于高调地四处张扬。不妨把自己调换到别人的位置，跳出自己固有的思维模式，站在别人的角度来看自己。只有这样，我们才不至于被好事冲昏了头，在别人的位置找回平和的心态，重新理智地思考。

其次，设身处地，把别人当成自己。

当别人遭遇不幸或是打击的时候，我们千万不能有"事不关己高高挂起"的心态。不妨设身处地地把别人想象成是自己，假设那些不幸发生在自己身上。只有这样，我们才能真正体会到别人的心情，同情别人的遭遇，理解别人的需要，并且在适当的时候给予别人适当的帮助。

最后，绝对尊重，把别人当成别人。

任何时间、任何地点、任何情况下，我们都要充分地尊重别人的生活、工作方式。在这个世界上，每个人都是独立的，我们没有理由将自己的思想意识强加在别人身上，更不能侵犯别人的领地。无论说话还是办事，都要顾及到别人的感受，以不刺激别人为前提，在不伤害别人的基础上继续。

想要在企业中谋求生存和发展，需要的不仅仅是能力，还有爱心、同情心、包容心等等。无论在哪里，周围的环境都是我们赖以生存的生态圈。只有善待身边的同事、朋友，与每一个人和谐相处，我们才能拥有更好的生存环境和发展空间。

总而言之，如果你能在工作生活中，灵活做到将心比心，凡事多考虑同事的利益和要求；换位思考，切忌口无遮拦，保证自己的每一句话都经过大脑思考；尊重同事的个性，不嘲笑、不讽刺、不挖苦……那么在职场中，你就一定可以左右逢源，游刃有余，无往而不利。

2. 抱怨同事只会显示你的无能

老板交代的工作没有按时完成，是因为同事笨手笨脚地拖了你的后腿；年终绩效考核成绩不佳，是因为同事缠着你逛街而耽误了复习的时间；工作上迟迟打不开局面，是因为同事居心不良地在老板面前说尽你的坏话……为什么当你工作不顺利或是得不到认可的时候，都会努力地

173

为自己开脱，而眼里看到的、嘴里抱怨的却都是别人的过失？

你真的能肯定完不成工作，不是由于你自己能力不够？你真的敢说考核成绩太差，不是由于你的自信心爆棚？你真的确定没机会升职，不是由于你的工作不到位，努力不到家？其实，问题根本就在你自己身上，只是大多数人都习惯于在错误和过失面前，以埋怨别人为主，以检讨自己为辅，以为这样就能蒙骗过领导的眼睛，到头来却只能是自己骗自己。

爱抱怨的人总是很难找到最佳状态，整天都仰着脖，端着劲，看谁都觉得欠自己的，又怎能出色地完成工作，幸福地享受生活呢？大多数职场人最爱犯的毛病也就在于此。只要遇到不顺心的事，不检讨自己先抱怨别人，难道把自己说成个倒霉蛋问题就能解决了吗？

为了应对金融危机，各个公司都积极地开源节流，而其中最需要迫切节省的，莫过于人员开支了。这不，领导在刚刚结束的员工大会上，颁布了新一季度的员工考核标准：公司取消平均奖制度，凡是当月没有完成定额的员工，一律只发放最低生活保障；而连续三个月没有完成定额，公司将对总业绩排名在最后的，予以开除。领导话音刚落，底下的员工就一片嘘声，张华琪一撇嘴，小声嘀咕道："什么嘛，明摆着就是冲我来的！"

他的担心不是没有道理。作为公司的元老，张华琪的业务水平的确最差，很多新来的员工几乎一个月就能赶超他。领导曾经多次找他谈话，劝他多上上心，别总垫底。可是，张华琪对这些根本不过脑子，只是一味地抱怨说："我忙着帮公司培养新鲜血液，时间都耽误在他们身上了，哪有空考虑自己的业绩问题。"

或许是谎话说得多了，连他自己都信以为真，认为新同事们之所以进步飞快，全都是自己的功劳。于是，张华琪干脆彻底歇了，只跟新员工凑近乎，表面上看似乎双方是帮带关系，可实际上还不是新员工包揽所有工作？背地里，大家都对张华琪意见很大，认为他这是名副其实的吃白饭，声称退居二线、给年轻人机会，实际上就是没本事！

新制度执行到第三个月，张华琪果然不负众望，成了公司"杀鸡儆猴"的第一个牺牲品。

没有能力创造业绩，也没有本事立足企业，却又不好意思直接承认自己无能。于是，种种抱怨就形成了。作为一名普通员工，你说的话根本就毫无分量。要是再加上抱怨，就更惹人讨厌了。事实上，只有用行动和业绩说话，才更容易让领导信服。

在现实生活中，容易陷入抱怨陷阱的大多是那些认为自己才高八斗、学富五车的人。由于对自己期望过高，当实际情况与事先预想出现较大差距时，我们主观的反应就是推卸，将失利的责任推给身边任何一个有关系的人。其次就是抱怨，将自己的无能缩小为偶然失手，抱怨在同事身上。殊不知，过多地抱怨会让我们背上沉重的心理负担，影响自己在同事心目中的形象，影响整个团队的工作效率和激情。

其实，工作上遭遇的挫折，陷入的困境没什么大不了，真正让我们丧失斗志甚至人格的反而是那颗抱怨的心。正如人们常说："黎明前的天空往往是最黑暗的。"当我们身处逆境，被黑暗包围，辨不清方向的时候，首先要做的不是将责任推卸给别人，也不是无休止地抱怨同事，而是要点燃一盏烛火，照亮前进的方向。

不要忘了，任务失败后，你对于同事或搭档任何的指责和抱怨除了显示你的无能之外，毫无意义。在职场，生命赋予我们提升自我价值的最好机会就是失败，在失败中总结经验，在失败中获得成长，在失败中发掘潜力，在失败中意识到团结的力量。只要我们勇敢地面对自己的错误，正视自己不过关的能力，终止一切借口，摒除所有对同事的抱怨，专注地寻找出路，虚心地摸索和请教化解危机的方法，就一定可以跳出困局，使自己更加货真价实。

一味地坚持抱怨，客户是不会主动上门的，业绩也不会自己往上涨。任何一个有能力、有责任心的人，都不会为掩饰结果而绞尽脑汁，因为在这之前，他们已经想尽一切办法，努力地将工作完成了。

3. 别说"没人帮我"

你是不是常把"没人帮我"挂在嘴边？当你的计划搁浅，当你的目标消失，当你的任务失败……你有没有抱怨？有没有将自己的失误推给没有帮助你的同事或领导？

想想看，其实"没人帮我"实在是一个经不起推敲，不怎么高明的借口。明明是你自己制定的目标和计划，到头来有什么理由要别人来帮你完成？如果没有得到帮助就不能达成目标，完成任务，那么只能证明你的计划缺乏可操作性，而你也还不够成熟。

在我们步入职场后，听到最多的应该就是团队协作，因为公司是一个集体，只有成员之间精诚合作，才能顺利实现公司制定的各种目标。但是，你千万不要以此为定论，认为团队协作就是在任何情况下，别人都有义务来帮助你完成原本只属于你的工作。事实上，很多取得成功的人都有"集百家能力于一身"的本事，尽管他们也非常注重团结协作，可绝大部分成就还是靠自己，更加不会把"没人帮我"这个低智商的借口摆出来。

一项本来可以独立完成的工作，为什么其他人都可以做得到，只有你做不到？面对老板的质疑，当你以"没人帮我"为借口的时候，有没有意识到，与此同时，你还向老板传递着另一个信息，那就是"我没有足够的能力，无法胜任工作"！

某公司每年都会举行一次经销商会议。今年，老板将这个会议的策划任务交给了部门经理梅辰。本来老板想让他跟网络部合作完成任务，可梅辰却拍着胸脯向老板表示自己没问题！

由于往年公司的经销商会议成绩都很不错，最一般的也可以达成400多万的销售额；而今年公司又加大了资金投入，预计销售额应该能增加100万左右。所以，老板没有特别担心，安排好了相关事宜就出差了。

然而，让人意外的是会议结束后，经统计，销售额只有300多万，仅仅为预计的60%。老板出差回来，得知了这一消息，非常生气，把梅辰叫到办公室，准备问问情况，看看是不是大环境不好造成的。

可谁知，梅辰一进门，还没等老板张口，就开始为自己狡辩，企图推卸责任："这次选的场地不好，人气不旺……""这次请的讲师水平太低，没有煽动性，也不够吸引人……""咱们的老对手搞低价促销，撬走了不少老客户……""前前后后就我一个人忙，想找个人帮我都没有……"

听到这，老板的火已经压不住了，一拍桌子："理由真不少，下了不少工夫吧？可惜没一句有建设性的，难道你就没有一点责任吗？"梅辰低着头，没吱声。

老板又说："往年这种会议的效果都很不错，我希望你能反思一下，为什么没进步还倒退了！"梅辰小声嘀咕："您不能老拿往年说事，我一个人，做成这样已经不错了……"

"等等，是你给我保证能完成的吧？"老板打断了梅辰的话，"之前就想着怎么邀功请赏了，所以拒绝一切帮助。可现在功没了，赏就更别想了，倒是有一堆责任没人认领。也好，既然你觉得自己一点责任都没有，那么你今后就不用来上班了。我这不需要没能力的人，更不需要出了问题只知道推卸责任的人。"

如果你负责的事情出了状况，那么的确比较麻烦！或许你会因为害怕承担责任而找借口逃避，不过，既然开始由你负责，没理由不负责到底吧？与其在事发之后摆出"没人帮我"这样无知且幼稚的借口，为何不在接到这项任务的时候就提出困难呢？难道为了满足个人英雄主义，非等演砸了才想到推卸责任吗？

俗话说："有胭粉，谁都知道往自己脸上擦！"可是，也要分是什么人，看是什么事。工作中，我们若是只知道追求功名和财富，有了成绩，恨不得将功全揽在自己身上；出现失误，就四处找理由，把责任推给别人，唯恐与自己扯上关系。这样做毫无意义，终究还是逃不过上天的惩罚。

面对工作中的重重困难，每个人都渴望能在关键时刻得到上天的帮助或别人的援手。其实，在这个时候"远水又怎么解得了近渴呢？"与其翘首企盼同事的帮助，不如积极主动地学会自助。

所谓"天助自助"，只有懂得自助的人，才会得到上天给予的帮助，才不会生活在别人的阴影中。如果你能把"天助自助"牢记心中，并付诸行动，那么它产生的力量必然会大得超乎你的想象。

4. 根本没有同事值得你抱怨

你说，如今这班真不好上！小小的办公室里，有老板派来驻守总是对你指手画脚的"奸细"，有一天到晚不干正事光照镜子的"娘娘腔"，有倚老卖老把你当孩子训的"大姐头"，还有说话慢吞吞、做事慢悠悠的"大蘑菇"……听起来，除了你之外没一个正常的，不良行为都可

177

圈可点。那么，想要在草木皆兵的办公室里，不费一兵一卒就脱颖而出，最好的办法是什么呢？你也别费脑子了，八成针对的就是你。

最好的办法就是停止抱怨！

办公室里形形色色的人物，不同性格、不同背景、不同经历、不同的世界观与价值观等等，这些足以在大江湖之外构成一个独一无二的小江湖了。现如今，越来越多的人表示办公室里的敌对情绪有所上升，每个人都不敢轻易相信别人，也不敢像过去那样袒露心声，就怕自己一个不小心，被别有用心的人抓住了小辫子。

那么，面对办公室里与日俱增的敌对情绪，我们能做些什么呢？其实在江湖中，各大门派以及武林高手之间的恩怨大多源于一时意气。如果你想在办公室里吸引到老板的眼睛，成为与众不同的一颗星星，那么不妨继续读下去。只要你肯减少抱怨次数，宽容同事的小缺点、小毛病，就有资格成为老板心目中未来管理者的不二人选。届时你就会发现，原来身边这些同事根本没一个值得你抱怨。

不值得抱怨一：对你指手画脚的同事。

此人明明跟你同级，却仗着行走江湖时间较长，是老板面前的红人，所以就可以指手画脚，冷嘲热讽。这样的人的确有些面目可憎。但是想想看，如果她言之凿凿，而你却抱怨连连，岂不显得不够虚心，不服管教？

建议你在开口前，先考虑清楚她所指所画的有没有可取性。如果她纯粹是在以老资格戏弄你，那么你当然不必介意，更不要当众争吵，一笑置之就可以了！要知道，其余同事都不是傻子，你的大度和胸怀绝对可以映衬出她的尖酸刻薄，谁赢谁输，格局岂不泾渭分明？

不值得抱怨二：拖你后腿的同事。

明明已经到了生死关头，整个团队却干脆停止了脚步，因为他的拖拉，耽误了所有人的运作。在抱怨之前先等一下，老板的眼睛是雪亮的。如果此时你挺身而出，抱怨那位同事的拖拉行为，可能不会有人觉得你是在吹毛求疵。只是，在这个节骨眼上过于突显自己的强势，恐怕会给老板带来不好的印象。不妨换位想想，如果你能稍微低调一点，不妨督促和帮助他尽快完成工作，待到事后再用一种不经意的方式，把自己曾经帮助过他的信息透露出去。

这样一来，老板会觉得你顾全大局，极富领导气质。同事也会觉得你知书达理，极具江湖义气。将这两个方面的因素综合起来，恰好正是作为中层管理人员的基本素质！

不值得抱怨三：小团体的同事。

办公室之所以被称为小江湖，那么拉帮结派自然不是什么新鲜事，两个山头意见不合也属于常见现象。然而，有趣的是，职场心理学家发现，女人的小团体最初形成时，很少以利益划分敌友，而是根据兴趣爱好走到一起，相互默认为小团体成员。

仔细想想，你抱怨的那个人真有那么面目可憎吗？还是你仅仅为了执行自己所在团队的行动纲领呢？即使他真的让人无法忍受，恐怕你的抱怨和闲话也起不了多大作用。试问，老板是否会听从你的一家之言一面之词，而将他解雇呢？

其实，在小团体中，我们最好能保持中立，少说别人是非。要记住，超脱到那里都是职场中人的第一美德！

不值得抱怨四：溜须拍马的同事。

尊卑有别并没错，可若是有人单单对老板表现出刻意讨好甚至是阿谀谄媚，就着实让以清者自清自居的你不爽！

想想看，老板也是从普通员工一步一步走上来的。我们要相信他，相信他不可能还没洞悉这些简单的职场伎俩。或许这一切只是老板在逢场作戏罢了：表面上，老板对溜须拍马者宠爱有加；可实际上，这样做是为了他们需要树立一定的权威性。更重要的是，这些人经常与老板接触，万一你私下抱怨的事情传了出去，恐怕会对你相当不利。

因此，如果可以的话，请尽量远离溜须拍马者。因为这样的人品行不高，实在不值得你浪费时间，而且还是浪费时间向别人抱怨其丑陋的嘴脸以及卑鄙的手段！

总之，同事是与我们一起工作的人，是每天都会和我们相处很长时间的人；同事关系是家庭以外的社会关系中最为重要的一种，我们若想在事业上获得成功，在工作中得心应手，就不得不掌握同事之间相处的学问，并从自己开始做起，不计较、不抱怨、不强求。

5. 要有全局观——城门失火，难免殃及池鱼

俗话说："城门失火，殃及池鱼。"意在比喻因受牵连而遭遇损失或灾难。在职场也是一样，如果我们没有全局观念，整天只考虑自己那一亩三分地而完全不顾身边的同事，那么就必须承担"城门失火，殃及池鱼"的惨痛后果。

21世纪，随着市场竞争白热化，组建高绩效且富有战斗力的团队就显得尤为重要，成功的关键在于能否充分发挥团队的力量。1+1>2的团队效率，是任何企业都梦寐以求的。也只有这样，才能更好地巩固自己在市场竞争中的领先地位。

当然，一个高质量的团队必须建立在个体间充分尊重和宽容的基础之上。任何人，只要是这个团队的一员，都必须具备全局观，不能搞个人英雄主义。要知道，没有人能够独自取得战斗的胜利。你要成功，就必须与自己的团队成员精诚合作。如果你过于自傲，对团队、对组织不屑一顾的话，那么最终你的才能也无法找到适合发挥的舞台。

黎璟是一家化妆品公司的业务代表。最近，她的团队正筹备参加一个"夏季化妆品品牌推广"的展销会。黎璟非常努力，她很满意自己的创意，认为这次将是她在业内崭露头角的好机会。所以，她和自己的两个搭档加班加点，牺牲了好几个周末。

但是，就在展销会临近，所有准备工作已经基本到位的时候，老板却突然通知黎璟暂停，把这个项目交给另外一个同事继续操作。理由是那个同事曾经参加过两次展销会，经验比黎璟更丰富。

眼看着自己的劳动成果被同事拿走，想到自己的美好前景化作了泡影，黎璟感到堵得慌。她找老板诉苦，可老板却对她说："我知道你为此做了很充分的准备，付出了不少心血。但公司领导也是从全局来考虑，才做出了这个更有利于公司的决定，希望你能谅解和服从。"

尽管不让出自己的成果，继续坚持下去，黎璟有可能会取得最后更大的成功，可是必须以牺牲团队精神为前提。试问，一个只顾自己争名逐利，不顾公司以及同事生死的人，怎么可能得到其他人的支持与配合呢？在公司，如果你不幸成为孤家寡人，那么别说第二次成功很难，甚

至连争取成功的机会恐怕也没你的份。

倘若你只懂得从自己的局部利益出发，片面地思考问题，那么你的前途将会葬送在鼠目寸光这四个字上，永远不可能拥有最后的胜利。倘若你能高瞻远瞩，顾全大局，那么即使此刻你还不是领导，也一定将要成为领导。在职场，想要得到老板提拔，获得更大发展空间，前瞻性和全局观都是不可缺少的。

全局观是一个人在企业工作中最基本的素质之一。对员工而言，它是获得晋升机会的必备条件。如果由于你的谦让，使团队取得了成功，老板心里肯定有数，同事对你也会更加钦佩。这不仅提高了你的个人形象，也使你的个人品牌大大增值，这将意味着你会比别人拥有更多成功的机会。可以说，这种谦让并不是真正的牺牲，而是一种隐性投资。最后不但可以收回成本，连回报率也比一般的投资要高得多！

所以，不管是对企业还是个人，全局观都是非常重要的。你的成功，应该建立在团队成功的基础上，如果没有集体的胜利，你一个人的胜利也毫无意义。加强全局观，并不是一朝一夕就能见到成效的，我们必须随时提高自己的合作意识，培养自己的团队精神，同时学会坚持！

第一，学会欣赏你身边的同事。

很多人都有挑剔的毛病，常常看这个不顺眼，看那个也不顺眼。其实，你看别人是正常的，行为科学研究人员发现，至少有75%的人与你截然不同，具体表现在言谈举止、为人处世、兴趣爱好等方面。如果你以自己的标志来衡量甚至要求别人，那么你自然就会看不顺眼。

既然如此，与其挑剔身边的同事，降低自己的合作欲望和能力，倒不如学会欣赏。如果彼此肯抱着这个心态来合作，那么你们双方都会快乐很多。

第二，尝试多与你身边的同事交流。

众所周知，世界上没有两片完全相同的树叶，再加上每个人的背景、经历、生活环境、受教育程度等等，都不尽相同，所以才会使得你与同事在对待和处理工作问题时，会有不同的想法和观点。此时，你们双方很有必要通过相互交流了解，达成共识。

在职场，交流是合作的开始。你不仅要把自己的想法说出来，还要懂得仔细聆听对方的想法。

第三，摆正自己在团队中的位置。

团队是一个整体，缺了谁都不能称之为团队。这里有个前提，那就是每个人都要守在属于自己的位置上。当每个成员都明确了自己的位置以及职责后，整个团队才能勇往直前，所向披靡。相反，如果大家都搞不清楚自己究竟扮演的是什么角色，也不知道职责所在，那么团队就会出现混乱的局面。

因此，在加入一个团队之后，首先要做的就是寻找自己的位置，为日后的工作打下坚实的基础。

身为企业中的一员，我们不仅要关心自己的一亩三分地，同时也要时刻注意公司的整体流程和运作，培养自己的全局观。只有这样，我们才能在一个健全的集体中实现成功的梦想。

6. 求同存异，不做"杠头"

如果我们总是喜欢跟别人抬杠，反驳别人，也许偶尔能获得辩论上的胜利，但那只是空洞的胜利，因为在赢得言语上胜利的同时，已经失去了对方的好感，没有人愿意承认自己不如别人。因此，放弃抬杠，学会给人留面子，求同存异，世界会更加美好、更加精彩。

人际关系大师卡耐基曾经有过这样一段经历：

那是二战刚结束的时候，卡耐基担任罗斯福先生的专属经纪人。一天晚上，他参加了一次为推举自己而举行的宴会。席间，坐在他右面的先生说了个幽默故事，中间引用了一个成语，大致意思是"谋事在人，成事在天"。

那位健谈的先生在故事中提到，自己所引征的这句话，出自《圣经》。卡耐基偷笑了一下，因为他很肯定地知道，那句话的准确出处，所以很明显，是那位先生错了。

为了表现自己，卡耐基纠正了那位先生的错误，谁知对方却立即予以回击，反唇相讥道："什么？出自莎士比亚？不可能，绝对不可能，那句话出自《圣经》！"

此时，卡耐基的老朋友法兰克·葛孟就坐在旁边，由于其研读莎翁多年，所以两人都同意向法兰克请教那句话的确切出处。在听完问题后，法兰克突然在桌下面踢了卡耐基一下，然后对他说："戴尔，你错了！这位先生是对的，的确出自《圣经》。"

当晚，在回家的路上，卡耐基气呼呼地对法兰克说："你明知道那句话出自莎士比亚……"

"是的，当然！"法兰克回答道，"《哈姆雷特》第五幕第二场。可是，亲爱的戴尔，我们只是宴会上的客人，为何一定要证明那位先生错了呢？他会喜欢吗？我们能得到什么好处呢？既然人家没有征求你的意见，为什么不留点面子给他呢？你应该永远避免跟人家抬杠。"

卡耐基没有反驳，而是沉思了一会儿。法兰克又继续说道："为了争一个成语出处而破坏了宴会气氛，这不是得不偿失吗？这种无谓争论充其量能获得一些优越感，但却永远得不到好感。"

卡耐基用自己的亲身经历告诉我们：凡事都有主次之分。当我们不可避免地要与同事或朋友，在主要与次要的问题上争论时，千万不能一味地坚持自己的观点，要懂得"弃车保帅"的道理。只有"拿得起，放得下""不计较，不抬杠"，我们才能在职场获得口口称赞的好人缘。

因此，要想为人处世顺顺利利，你很有必要衡量一下：是情愿要表面上的胜利，还是更在意别人对你是否能产生好感呢？在任何一次激烈角逐的过程中，虽然你争论得更有理，但若是想就此改变别对方的主意，就会白白浪费之前的努力。对于无知的人来说，辩论绝对不是一个可以令人服气的好办法。

如果你有本事令自己的同事，以及各个阶层的交往对象都在琐碎的争论上战胜你，那么他们自然会觉得很开心很满足，往后的日子当然就比较容易过了。

艾森豪将军曾经有个参谋，两人常年意见不合。

有一天，参谋决定辞职。艾森豪关切地问他为什么要走。

参谋老实地回答说："这些年，我和你总是意见不合，冲突迭起。我想，你大概忍了我很久了吧？既然你不喜欢，不如我尽早另谋出路算了。"

"你怎么会有这种想法？"艾森豪惊讶地说，"假设我有一个跟我意见完全一致的参谋，那你我二人当中，岂不是必定有一个多余的？是你还是我呢？"

　　参谋听了，觉得非常有道理。他不好意思地低下头，承认自己心眼小，希望再得到一次机会，让他可以继续留在艾森豪身边。

　　用我们宽阔的胸怀去包容身边不同立场、不同侧重的不同观点，多肯定同事对企业的贡献，是建立职场良好关系的起点；多感激搭档对我们的帮助，是巩固职场良好关系的基础。其实，我们根本不必过于担心。在职场中，不同的意见是避免重大错误的最好方法，也恰好体现出我们与同事之间各抒己见扬长避短的原则。

　　这里要特别强调的一点是：在平时工作中，如果遇到有人针对你提出的方案或建议产生疑问，并且提出不同意见时，你的第一反应会是什么？是立即反驳还是装作没听见？第一步往往都非常关键，所以我们必须要慎重再慎重，切忌不可有过于强烈的自卫反应，毕竟此时我们面对的是战友而不是敌人。

　　小心斟酌对方提出的不同意见，并迅速与你的想法进行一个理智的比较。此时，不要过于依赖自己的直觉。由于最终结论有可能涉及他人观点与你自身看法的冲突，所以，你必须保证自己可以完全控制住脾气，用理智来衡量对方提出的观点是否正确，客观地作出判断。

　　从现在开始，我们要尽量多地去留意同事工作的价值，以及同事的优点，这样才能将争执减到最少。总之，遇事冷静，不要轻易跟别人起争执，让"求同存异"的魅力来改变我们的生活。

7. 做伙伴不做密友

　　在寒冷的冬季，一群刺猬想要依靠拥抱来温暖彼此，可身上与生俱来的尖刺却限制了这一行为。如果离得太近，它们很容易伤害到对方；如果离得太远，又达不到相互取暖的目的。因此，刺猬们不得不小心地呵护着彼此间最安全最温暖的距离。

　　在职场上，同事之间的交往就像刺猬一样保持适当的距离，不要过于亲密，这是职场人际关系的基础。办公室中的朋友和真正意义上的朋友并不能画等号，即使朝夕相处，关系融洽，也并不意味着你们的关系超越了工作，更不可以用密友来形容。

　　真正的密友或知己是那些能够令你彻底放松、毫无顾忌的人。在密友面前，你可以大胆地将自己心中的困扰和忧虑袒露出来，彼此毫无保留地交换心事；你可以完全透明，做回真正的自己；也可以彻底喝醉，不用担心会说漏嘴。

卡洛琳是个对工作十分负责的好姑娘，但由于性格内向，在公司除了工作，她很少跟同事交流；而爱上一个有家的男人，深深陷入一场有违伦理的感情，更使得她显得忧郁，越来越封闭自己。

不久前，新人娜迦来公司报到，一时间无法迅速融入办公氛围，唯有与卡洛琳的接触多些。看到她常常独自过节假日，娜迦忍不住询问原因。起初，卡洛琳都是以不喜欢热闹来搪塞。然而在一个周末，两人又聚在一起喝酒聊天，娜迦竟然主动说起了自己的感情生活，并告诉卡洛琳自己喜欢上了一个有妻子的男人，很痛苦等等。听她这么一说，卡洛琳以为两人同命相怜，戒心一下子少了很多，不由自主地将自己隐藏了许久的秘密说了出来。

接下来的几天里，卡洛琳发现同事和自己接触时，态度总显得很不自然，而娜迦却突然间与其他同事打成了一片。

后来，一个平时跟卡洛琳还有点交情的同事向她透露，原来娜迦早就结婚生子了，是她把卡洛琳的秘密在公司传开的。同事奇怪地问道："我们相处这么久，你都没透一点口风，怎么就这么相信她呢？"

卡洛琳这才恍然大悟，知道自己错信了这个密友。如今事情传出去就无法挽回了，除了离开，似乎没有更好的办法。

在自认为可以信任的朋友面前，你常常会因为不设防而变得比平时更加脆弱。此时，如果身边了解你、掌握你弱点的人想对你不利，那么打击也将是致命的。

我们身边总是会有一些很懂说话技巧的人，特点就是喜欢向身边的同事吐露心声。这样做最直接的好处就是：在最短时间内，拉近彼此的距离，使双方变得友善亲密。然而，办公室并不特殊，绝对不是一个适合我们寻找情感寄托的场所，同事与你既是共存的，也是相互竞争的。关于你生活方面的危机，例如失恋、婚变等等，最好不要向同事倾诉；而关于你工作上的不良情绪，例如，对老板或某个人有意见、有看法等，更是万万不能轻易在同事面前表露。

当然，良好的同事关系将可以为我们带来实实在在的好处，谁不希望有个轻松愉快的办公环境？谁不希望需要的时候，能有人伸手拉自己一把？但是，这一切都必须基于一个前提，那就是，什么是可以与同事交流的，什么是自己需要保留的，你一定要做到心中有数。即使有一天，你真的决定与某位极其合拍的同事分享重要信息，在这之前你也务必要确定对方是可以信任的，确定将来人家不会把你当做升迁的踏板。

罗杰在一家广告公司工作，由于为人热情开朗、不斤斤计较，所以周围有很多朋友。但最近半年，罗杰的日子却不大好过，已经到了要离职的地步。用他自己的话说，就是遇人不淑。

半年前，夏尔莎毕业后加入罗杰所在的广告公司。入职不久，她便发现了能力出众的罗杰，开始迫不及待地表示想跟罗杰成为朋友。当时的罗杰哪有防人之心？再加上对方是个比自己小的女孩子，更没什么担忧的。于是，夏尔莎很快地就取得了罗杰的信任，两人常常一起吃午餐。罗杰会向她讲述一些新人的注意事项，也会向她传授一些工作经验。

让罗杰后悔到肠子发青的一件事，莫过于自己毫无保留地把机密文件也同夏尔莎分享。渐渐地，越来越自信的夏尔莎开始有意地排挤罗杰，甚至在公司高层领导面前编造一些空穴来风的故事，目的就是想将罗杰挤出公司。

最终，她的计划宣告成功。罗杰在万般无奈之下离开了公司，将自己的位子拱手让给了夏尔莎。

职场，毕竟是一个充满激烈竞争的地方，人人都削尖了脑袋在追求着自己的最大利益。你和密友分享的心情、隐私，极有可能在未来的某一天成为对方握在手心里的把柄，一旦迸发利益冲突，昔日密友必然会舍你而取利了。

所以，基于生存和竞争的双重考虑，若是你想保住饭碗，想不伤心不难过，就最好避免在工作中与伙伴建立过于亲密的友谊。

归根结底，人还是群居动物，朋友也是我们精彩生活中必不可少的一部分。我们大可不必被办公室中的人际关系搞得焦头烂额，只要明白怎样利用良好的人际关系，为自己的工作创造舒适环境，就不会深陷其中而不可自拔了。

不要奢望能在工作场合与同事建立过于亲密的联系，这样不仅会使你们的关系复杂化，还会影响彼此工作的进展。所以，不管与何种类型的朋友相处，我们都必须把握住团结友善、彼此尊重、相互帮助等等基本原则，这样就会赢得更多朋友的信任，使我们的生活充满色彩。

8. 学会欣赏同事而不是抱怨

俗话说："金无足赤，人无完人。"同事之间交往久了，难免会发现对方的缺点。这个时候就需要及时沟通，对待同事的成绩和优点要表示欣赏，至少要表示认同。"投之以李，报之以桃。"你的同事也自然会以一份美意回敬你。

有时候，你听到同事赞美你的话时，心中总是非常高兴，脸上堆满笑容，口里连说："哪里，我没那么好！""你真是很会讲话！"即使事后冷静地回想，知道对方所讲的不是真心的赞美话，却还是抹不去心中那份喜悦！

看看下面这个办公室的小场景：

小彤剪了一个新发型，她把一头蓄了几年的披肩长发剪成了齐耳短发，同事们都齐声称赞她的短发清爽和简洁。小彤在这一片赞美声之中，对理发师的怨气一股脑儿全消了。

"当时我剪完头发，觉得一点都不像我理想中的模样，气得我当时就想跟他吵一场，找他理论，怎么给我做成了这样的发型？这不愉快的心情带到了今天上班，甚至有一个客户来找我，我当时还有些气在心里。平时对客户很有礼貌的，今天不知怎么就看那个客户不顺眼！差点跟他发火，今天听了这些话，怎么不知不觉气就消了，心里也觉得顺畅了，看客户也觉得顺眼了，真希望你们天天说让我开心的话！"小彤这样给同事说着。

办公室中，通过发现同事的细节变化和她语言交流，这样不仅能赢得她的好感，而且更能拉近彼此的距离。培根说得好："欣赏者心中有朝霞、露珠和常年盛开的花朵。"

如果你以明星来夸奖同事，说："我觉得你很像某个漂亮的电影明星！"当然，如果对方也很喜欢这位明星的话，她当然会很高兴地领受你的夸奖。假如很不巧，对方非常讨厌这位电影明星，那会产生什么结果呢？也许对方会板起脸说："什么？我和她很像？这简直是对我的一种侮辱！我最讨厌她那种……"你只好在一旁苦笑了。

赞美的话说不到同事的心坎里，往往就会造成不快。如果你换一种方式，就可以这样说：

"哎！你对某明星的感觉如何？""唔……我觉得她很不错，尤其是演技精湛！"有了这样的前提，你再赞美她像某某明星，似乎就比较容易令她接受了。

好汉出在嘴上是大家经常说的一句话，意思是一张能说会道、善于称赞的嘴可以使一个人得到别人的喜欢，最终成为有人缘儿的好人。如果你心里对某个人很佩服，但是没有表达出来，那么在他看来你并不欣赏他，他和你的关系自然也不会变得十分密切。相反，如果你心里对某个人并没有太多的好感，但总能抓住时机适时地捧他几句，那么你们的关系也会由疏远变得亲近起来。

说说一些场面话，客套地称赞别人几句，会使你得到意想不到的收获。场面话和赞美的话并不需要你付出什么代价，既不需要你花费金钱，也不需要你耗费太多的精力，但却可以因此得到人情。在与同级相处时，为了跟同级拉近关系，以便更好地开展工作，也需要时不时地说点场面话。

比如，某一天你看到同级领着小孩一起逛公园，你可以走上前去，打个招呼，逗小孩子玩玩，然后向同级把他的小孩大大夸赞一番，并称赞他教子有方。这种场面话，有的说的是实情，有的则与事实有相当的差距，但只要不太离谱，听的人十之八九都会感到高兴，而且周围人越多时效果越好。也许第二天上班时你会惊奇地发现，你的那位同级忽然对你特别亲热，似乎一夜之间成了最要好的朋友。你不要感到有什么意外，这正是你昨天的几句场面话得到的回报。

再如，你到同级的办公室来谈工作，看到他的下级都在静静地工作。就是你走进来时，也没有一个人抬头来看一眼，更没有谁说一句问候的话，这可能惹得你心里很不痛快，甚至有些恼火。你会想：这些人真没教养，也不知我那个同级是怎么教育下级的。你心里可以这样想，但表面不可露出来，你要装作赞许地扫视一下同级的这些下级。当只有你们两个人时，你可以顺便说几句场面话，比如："真是强将手下无弱兵啊，你老兄是怎么教育出这样好的下级的？难怪你的工作效率总是那么高！老兄真有一手，本来散漫的人来到你这里也能这么埋头工作，能不能将秘诀传授给我？"你会发现，当你说完这番话再谈工作时，居然出奇顺利，你与同级间原来有那么多的共同语言，而这是你以前所不知道的。

说些场面话，送点人情给你的同级，你会发现同级间的关系原来并不难处。人情换人情，你今天送出的人情，明天就可能加倍收回来。工作中，与同级相处少不了赞美，但赞美对方也是要有原则的，不然你就会有阿谀之嫌了。那么，怎样学会欣赏同事呢？

首先，当你赞同同事时，一定要说出来。如果你在和同事沟通中，仅仅用暗示让同事知道你在赞同他们是远远不够的。要让他们知道你在赞同和认可他们，不妨试着这样去做，点头说"是的"，或注视着对方的眼睛说"我同意您的说法"，"您说的很对，我完全赞同""我认为您的看法很好"，等等。

其次，当你不赞同别人时，万万不可直接告诉他们，除非万不得已。即使同事不能让你赞同，在说话时也不要轻易表示反对。否则，你会很快与人形成矛盾，你会失去很多。所以，请不要轻易否定同事，除非不得不这样做。

再次，当你犯错误时，要敢于承认。一般人通常在犯了错误的情况下会说谎，会否认或狡辩。但无论何时，如果你犯了错误，一定要勇敢地说"我错了，请原谅"，"对不起，这是我的失误"等。

另外，用词要得当。注意观察对方的状态是很重要的一个过程。如果对方情绪特别低落，或者有其他不顺心的事情，过分的赞美往往会让对方觉得不真实。所以，一定要注重对方的感受。

学会用赞美的语言和同事沟通，他心里自然就会很高兴。工作中这样和睦相处，你们之间还会有什么难以解决的问题吗？

9. 冲突后积极修复同事关系

在公司里，同事间可能会因为一些小利益或者其他的小事情而发生冲突。但冲突后一切都恢复平静，工作仍然要继续。可是，你和同事却因为冲突而产生了隔阂，对工作造成了一定的影响。对此，如果你一味采取抱怨的态度，并不能改善情况，不妨用更积极的态度去面对，在发生冲突后，及时地修复和同事之间的关系。

周末，王毅去一个特别高雅的地方去按摩。那个地方除了潺潺的背景水波音乐外听不到任何声音，顶多就是按摩师窃窃私语般的"请问这样力度合适吗"。

可是，忽然传来两个按摩师的吵架声，可能因为工作着急，她们在洗手间发生了冲突，一个人在洗手间还没完事，另一个人就急着推门进去了。开始就是争论："我还在里面，你怎么也不看着点？""我怎么知道有人在里面，是推开了门才看到的。"

后来，其中一个女人说了句："真是脑子有毛病，也不看着点！"另一个马上提高声音说："你在骂谁脑子有毛病？你会不会讲话？你现在给我讲清楚，到底是谁脑子有毛病！"……

事情就这样演变成一场世纪大战，有管理人员试图强行把扭在一起的两人拉开并架走一个人，于是又传出女人的尖叫："放开我，你放开我啊。"

王毅听着这般吵声，悄悄地离开了。

因为一点小事，和同事发生不必要的冲突，影响了工作就不划算了。况且，在公共办公场所发生争执，对其他同事间的正常关系都会造成不良影响。尽快化解矛盾甚至敌对情况，也可以展示给其他同事一种宽厚的姿态，这对于一个身在职场的人来说非常重要。

和同事发生了冲突，首先要弄清吵架的原因。假如你们争辩的理由仅是源于一句玩笑话，自嘲一下或者一笑置之，它很可能会自然而然地过去。如果你们俩在某个观点上意见不统一，这也没什么大不了。更多的时候，这不能说明谁对谁错，也可能没人能真正搞清是不是真的有错，不去细究才是重归于好的奥妙所在。

所谓"人非圣贤，孰能无过"，讲究的就是恕人。当你和同事面对冲突时，一定要与对方坦诚对待，通过多种手段与其进行积极沟通，把事情真相和自己的观点清楚地展示给对方，让对方理解。否则，如果遮遮掩掩，则会给对方造成更大的伤害，彼此心存芥蒂，最终不利于冲突的解决。

和同事发生了冲突，你要积极主动地去找同事化解，别等同事来找你。虽然很多人都认为先说出对不起或者先表示让步会有损颜面，但与轻松的工作环境和事业的快速发展相比，面子真的那么重要吗？再说了，别把事情想得太过复杂，没有人会为了你的一句求和的话而看不起你，说不定还会欣赏你的大度。如果你让争吵恶化，那么你们两个人会一起失去友谊。如果你们重归于好，你们就都是胜利者。不要等待别人来解决问题，你自己应负起责任。时间不等人，你越快越好。

当你面对面地沟通时，正确的态度是坦诚地、认真地沟通，双方要开诚布公地谈。假如你们双方都坚信自己是正确的话，那么很难听进对方的申辩。但是，你如何弄清同事的感受呢？你可坦诚地说："我想听听你的意见，告诉我你是如何想的，好吗？"而且当对方谈话时，不要打断他或是与其争辩，让他感到你尊重他，这样矛盾也许好解决一些。

当然，和同事在沟通的时间和场合上可以不必很正式。你可以借一个机会，比如在沟通工作的时候主动表示一下自己的态度和看法。如果觉得工作时间不方便，可以直接约一个时间一起吃顿饭，在轻松平静的情绪下交换一下彼此的看法。不一定要分出对与错，关键是把事情说开，不要因此打下心结。

在沟通的内容上，还是要针对具体事情做讨论，做到"对事无情，对人有情"。大家出现分歧争执是由于各司其职，看问题的角度不一样罢了，但总的出发点还是要维护公司利益。在这个共同的前提下，没有什么事情是不可以谈的。只要双方都是真诚的，看似麻烦的问题也会变得很简单。

在不愉快的心结解开之后，还应该考虑一下怎样在今后的工作中避免发生类似的问题。是规章制度有问题？还是做项目没有按程序？或者是沟通不到位引起了误解？这样一来，既解决了已发生的不愉快，又避免了将来可能发生的不愉快。

古人说："君子坦荡荡，小人常戚戚。"如果处处工于心计，气量狭小，处处流露出小家子气，那么，不但不会取得任何真正的成功，也体会不到任何团队协作的满足与快乐，更不用说能很好地解决冲突了。

老话说，人在江湖身不由己，人在职场也不能免俗，和不一定为贵。在职场上会遇到冲突，绝对是一种常态，而不是突发状态。在工作中，同事间也会因为一些问题常常打交道。当然，这就不可避免地会发生一些冲突。那么冲突之后，就要用一种平和的心态和对方沟通，缓解和同事之间的关系，切忌不要让冲突继续升级。

10. 成就感，无法从"独角戏"中支取

顾名思义，独角戏作为一种表演型戏剧，对演员的要求是非常高的，难度也很大。想要一个人撑起整个舞台，没有扎实的功底根本办不到。

现如今职场中的合作，更是与成功相辅相成。如果你喜欢扮演独行侠，钟情于独角戏，一旦离开了合作，那么你所能取得的成就也会大打折扣。

在工作中，到底应该坚持单打独斗，还是与人联手？

从前，有两个饥饿的人得到了一位长者的恩赐：一根钓竿和一篓鲜活硕大的鱼。其中一个人选择了鱼，另一个人选择了钓竿，之后两人就分道扬镳了。

得到鱼的人用干柴就地搭起篝火，开始煮鱼。刚冒烟，那人便狼吞虎咽，转瞬间连鱼带汤都被他吃了个精光。但是没多久，此人就饿死在空空的鱼篓旁。另一个人提着钓竿，忍饥挨饿艰难地向大海走去。可是，当他挣扎着到达海边时，最后一点生命能量也耗尽了，只能眼巴巴地带着无尽的遗憾撒手人寰。

还有两个饥饿的人，同样也得到了长者恩赐的一根钓竿和一篓鱼。不同的是，他们没有各奔东西，而是商定一同去找寻大海。一路上，两人每次只煮一条鱼。经过长途跋涉，最终到达海边。此后，两人便以捕鱼为生，盖起了自己的房子，组建了各自的家庭，又自己打造了渔船，过上了幸福安定的生活。

故事虽然简单，但却阐述了一个关于合作价值的道理。在职场上，如果你愿意与大家合作，尊重集体的智慧，征求同事的意见，那么他们自然也会同样尊重你。如果你看不起别人，认为没必要跟同事交流，那么他们自然也会将你拒之千里。

如果你真的具备独当一面的本事，当然值得称赞。可这并不意味着你的能力就百分之百超群，能够独自摘取胜利的果实。

从当今职场的发展趋势来看，分工合作是必然的结果。只有这样，才能最大限度地将每个人具备的才能整合，从而达到出色完成工作任务的目的。就算你是整个歌舞团的台柱，恐怕也无法一个人撑起一台歌舞晚会吧？就算你是球队中顶天立地的人物，恐怕也无法兼顾门将和前锋的双重重任吧？

所以，不要与其他同事分别站在两条战线上，通力合作不仅不会淹没你的才能，反而能打开你的思路，吸取别人的精华。俗话说："三个臭皮匠，赛过诸葛亮。"一个人再聪明机智，也只是一个人，难免会有知识的盲区，怎么也比不上三个人来得稳当和踏实。

小文硕士毕业后，到一家大公司应聘高层管理人员。经过笔试面试，她与另外八人脱颖而出，进入了最后一轮实战测试，由老板亲自把关。如果通过，就能正式上班。

测试那天，老板对小文等九人说："能到我这一关，说明你们都很优秀。不过，最终能留在公司上班的只有三个人，所以你们还不能放松，好好表现，争取胜出。"随后，老板宣读了考试内容：九个人随机分成三组，第一组调查婴儿用品市场；第二组调查妇女用品市场；第三组调查老年人用品市场。最后还提供了相关材料，要求三天之后把做好的市场分析报告交上来。

三天很快过去，小文和竞争者们都把自己的市场报告交到了老板手上。老板看完，起身宣布：小文所在的第三组成员被录用了。

原来，每个人从秘书那里得到的资料都不同。如果想做出翔实、完整的调查分析报告，最重要的就是与本组队友交流信息，互通有无。前两组的人显然都没有做到这一点，只是按照自己拿到的资料，各行其是，所以报告不全面。而小文所在小组的三名成员则相互合作，最终一起通过了考核。

第三部分　疲劳不怕

　　古希腊哲学家亚里士多德曾经说过："一个生活在社会而不同其他人发生关系的人，不是动物就是神。"如果你死活不肯与别人合作，硬要自己独霸舞台，那么你到底是动物还是神呢？

　　无论社会进步到什么阶段，人都是不可能独立存在的，也不可能仅凭自己的力量，获得成就感。同事之间的合作就像氧气，存在时，你会很难察觉；然而一旦消失，你却根本活不下去。懂得借力，懂得分享，懂得合作，是职场生存的基本技能。

　　在通往成功的道路上，你引以为豪的个人能力无疑起着重要的作用。但与此同时，你也应该注意到，若是没有身边朋友的帮助、家人的支持、同事的合作……你的成功只不过是海市蜃楼，转瞬即逝。

　　世界上没有人能独自成功。成就感，无法从你一个人的独角戏中获得；离开了合作，你也必将一事无成。

第十一章　你加的不是班而是能力——不抱怨加班

1. 你加的不是班，而是自己的能力

　　随着当今社会的飞速发展，无穷的压力也在顷刻间向我们涌来，加班已经成为年轻人纵横职场的入门课程。头顶高悬着严格苛刻的企业制度，身边围绕着坚决执行的先进同事，为了保住自己来之不易的饭碗，我们不得不忍耐超时加班之苦，理想的朝九晚五演变成了畸形的朝九晚无。

　　与此同时，社会上也有很多以自我为中心，讲究生活质量、追求生活品位的年轻人认为："工作只是生活的一部分，生活中不应该只有工作。"如果在原本规定的工作时间以外还要加班，就属于无理要求了。

　　任源大学毕业后，经过多方努力，硬是从几百人的面试队伍中脱颖而出，成功进入了一家自己比较满意的公司。

　　起初，任源对职场的潜规则完全没有概念。每天下班，他都是全办公室中走得最早的。可是一周之后，他开始感觉有些不对劲。每到下班时间，大家似乎都没要走的意思。于是，任源也只好假装继续忙碌，拖延时间。从此，朝九晚五的梦想就彻底与他说拜拜了。

　　往后，随着接管项目以及业务量的上升，任源开始身不由己地主动加班。问题随时都会出现，连很多准备工作都需要抽出时间提前做。

　　有一次，他正准备回家，部门经理却提出请他吃饭。席间，两人就任源负责的设备整体销售方案，一直谈到餐馆打烊。任源低头看表，发现已经接近 22 点了。

　　尽管任源经常抱怨自己没有私人时间，可是平时加班，却总是精力充沛，毫无怨言。因为大家都干劲十足，倘若此时唯独他不够努力，就可能意味着被整个团队淘汰。尤其在外企，这样的潜规则对员工的积极影响绝对不可小视。

有人称今日办公室就像是没有硝烟的战场，不加班的员工就像没胆量上战场的逃兵一样，是所有人的耻辱。

其实，在每个人职业规划的过程中，有些问题总是难以避免的，就像加班。对于初涉职场的年轻人来说，一没资历，二没能力，和同事之间存在着较大差距，以至于正常的工作时间内还不足以很好地完成任务。于是，当然就需要我们主动加班来完成任务，同时提高自己的能力。这样做，也能保证我们的饭碗不至于在激烈的竞争中遗失或摔破。

对于职场新生代来说，加班似乎会永远存在。所以，学会合理加班，将会对自己的职业生涯产生很大帮助，与发展一样重要。

不要再为加班而眉头紧锁，抱怨不停了。如果实在找不到好方法，那么就多想想，主动完成分外工作将给你带来哪些好处，会对你日后的成功起到什么积极的作用。

首先，主动加班会为你营造出良好的声誉。这对于身陷职场的你来说，无疑是一笔巨大的财富。在你未来职业发展的道路上，将会起到关键的作用。

其次，主动加班能让你多一些学习与锻炼的机会，有助于提高你的能力。最不济也总会有额外的加班费，你是不会亏本的。

最后，主动加班会帮你引来更多关注的目光。即使你在原来的岗位上默默无闻，如今也足以凸显你与众不同的表现。博得老板欣赏的同时，也让你获得了垂青。

我们刚刚踏入职场，面对陌生的环境、陌生的工作和陌生的老板，理应欣然地去加班，准确地说不是加班，而是增加自身的能力。这样可以让我们很快地掌握工作中所需的专业知识，可以尽快地帮我们熟悉环境，可以在不知不觉中得到领导赏识。所以，当加班已经成为不可避免的任务时，请不要再去抱怨。试着给自己找个加班的理由，从生活和前途两方面来考虑，我们就可以做出让自己快乐的选择。

2. 叫苦不如吃苦

在我们的工作中，遇到挫折或困难早已是家常便饭。可是，却仍有不少人一遇到难题，就开始抱怨："工作环境太苦了，没有空调，夏天在屋里就能中暑了。""任务太重，搞得我心力交瘁，就快扛不住了!"
"怎么难的活老是派给我，简直就是不可能完成的任务嘛!"……

　　是不是可以暂时把抱怨收起来呢? 在出来工作之前，我们就应该想到，职场绝不等同于游乐场。没有大型游艺设施，也没有发礼物给游客的小丑，更多的反倒是辛苦的汗水、委屈的泪水，以及贪婪的口水和永远嫌少的薪水。

　　任何人的职业生涯都不可能一帆风顺，各种挫折和打击会随时向我们宣战。这时候，叫苦已经毫无意义，抱怨也于事无补。我们能做的唯有加倍努力地付出，只有吃下今天这些苦，才能品出明天那些甜。

　　65 岁那年，桑德斯上校退休了。当时，身无分文而且孑然一身的他，想起了母亲曾经留下的一份炸鸡秘方。于是，他开始挨家挨户地敲门，对每家餐馆的负责人说:"我有一份上好的炸鸡秘方，如果你肯采用，那么我可以教你怎样炸得恰到好处，使顾客增加……"

　　绝大多数人都会当面嘲笑他:"算了吧，老人家。若是真有这么好的秘方，你怎么还会落魄到这种地步啊?"

　　然而，这一次次嘲笑并没有让桑德斯心灰意冷，反而让他可以不断地修正自己的措辞，找出不足，总结出下次能做得更好的方法，以便可以说服下一家餐馆。

　　最终，有一家餐馆的老板接受了桑德斯的炸鸡配方。但在这之前，他却已经被拒绝了 1009 次。在 1009 次失败之后，桑德斯老人才听到了第一声"OK"。

　　正是由于桑德斯上校把嘲笑化作前进的动力，不断地调整自己，耐心推销，才有了今天名扬四海的快餐连锁企业——肯德基。

　　在职场，想要成为一名优秀的员工，没有捷径，只有苦干。所谓苦干，首先当然要能吃苦，其次就是要不屈不挠。工作不是让你用来享福的，如果没有苦干的精神，就算有再好的设想，再好的规划，也只能停留在纸上罢了。

　　看看我们所熟悉的，那些已经取得成功的人，几乎个个都有一段苦尽甘来的故事。没有经历过苦干，我们就无法取得过人的成绩，就无法心安理得地去享受成功，更不会有美好的明天。

　　我们要勇于吃苦，绝不叫苦!

叫苦和抱怨有异曲同工之妙，却都不能帮助我们克服心理障碍，战胜苦难，反而会把事情弄得更糟。如果你单独面对困难，不想办法去克服，却是四处叫苦，那么只能反映出你的无能。

工作中的苦难并不可怕，那只不过是命运对你的磨练罢了。旁人的轻视，恰好正是你向上冲刺的动力。有一天，当你发现自己已经平息怒气，停止抱怨，并且开始敢于吃苦，乐于吃苦时，成功也就离你越来越近了。

3. 公司不是你开的，请假不可随心所欲

从踏入职场的那一天起，我们都不再是孩子了。做任何事都要经过大脑的思考和分析，不能任意妄为。既然身为员工，领着老板发的薪水，我们就要绝对遵守公司的规章制度。没有特殊情况，不迟到，不早退，不旷工，不随意请假……要知道，考勤制度对于任何一家公司来说都很重要。

当然，不管是在大企业还是小公司，不管考勤制度多么明确，还是无法避免有极个别的人不予以遵守。这些人必定从上学时就养成了"不守时"的习惯，对待工作敷衍了事，对待公司制度更是置若罔闻，形成了自由散漫的风气。除了迟到早退以外，这些人最突出的表现，就是有病没病请病假，大事小事请事假，似乎请假真的是一件可以随心所欲的小事。殊不知在整个单位里，除了老板，任何人都享受不到这个待遇。

桑志超读书的成绩不是很好，但确实有点小聪明。如果能用在工作上，应该也是一块不错的材料。可是他偏不，一些鬼点子、歪脑筋全都是用来偷懒的。

尤其在工作中，更是变本加厉地耍心眼，稍微有点头疼脑热，就装作痛苦不堪，然后找借口向老板请假。每当赶上与朋友约会或是办私事什么的，他更是张嘴就能蹦出句假话用来跟老板请假。上班这些年，桑志超为了请假，已经找了不下500个理由，每个理由都不重复，而且理由都十分充足。尽管老板不胜其烦，可是说得有鼻子有眼，也不好驳回。

有一次，桑志超女朋友的公司组织去云南旅游，随行可以带一名家

属。桑志超当然不愿意错过这个机会，由于时间较长，所以他只好撒谎说自己在乡下的爷爷去世了，要在老家守孝七天。然后，他自然是尽情地跟女朋友去云南疯玩了。

可是，等到桑志超返回公司销假时，却被人事通知今后都不用来上班了。一头雾水的他找老板询问原因，这才知道原来这次去云南的一行人中，有老板的一个生意伙伴，见桑志超眼熟，立刻就打电话来核实。对于一个用撒谎手段来欺骗老板的员工，老板当然没什么留恋的。

谎言穿帮后，老板只跟桑志超讲过一句话："既然你那么喜欢休假，那我倒不如成全你，放你一个永久的长假好了。"

在职场上，总有人把请假当做是一件很平常的小事，认为自己工作那么努力，对公司的贡献也不小，偶尔请假娱乐娱乐根本就是小意思。其实，这种想法和行为不仅是对工作不负责，更是对自己不负责。当然，如果你家中确有急事，请假是可以理解的，相信也没有哪个老板会拒绝这样的要求。可是，如果你长期靠欺骗的手段获得休假，那么情况就完全不同了。

频繁地请假不仅仅会耽误手中工作的进度，还会对公司里的其他员工造成不良的影响。最重要的是，在你请假的同时，你的位置将随时有可能被别人顶替，假如真的因为贪玩、偷懒而丢了工作，恐怕你失去的不只是工作那么简单，同时还会失去公司的信任、同事的友谊，将是不可原谅的。

也许你会说："我们公司既不要求打卡，也不用按指纹，到不到的根本就没人知道。"真的是这样吗？那你想得也未免太天真了。不错，的确有些公司在考勤方面没什么特殊要求。可我们不能因为这样，就自作聪明地以为没人管。于是，自己做主，上半天班就放假回家，或是干脆给自己放假一周，连面都不露了。要知道，越是看上去管理不严的公司，越需要你认真地对待，说不定你的一举一动都有专人在监视呢。

我们是人不是神，吃五谷杂粮怎么会没有个头疼脑热呢？况且老板并没有颁布条例不允许员工请假呀？只是我们不能过于频繁地请假，更不能为了请假而撒谎，这种行为是任何一个老板也无法忍受的。

同在一个办公室里打拼，每个人都很忙，辛苦的不只有你一个。所以，不要随心所欲地把请假当做小事。即便你确实有事需要请假，也要

第三部分 / 疲劳不抱怨

顾全大局，注意以下几点：

一、要征得老板同意之后，再履行请假手续，并且在休假前要记得将手头尚未处理完的工作跟同事交代清楚。这样做，既能确保不耽误工作，又能防止你在休假的过程中，被之前没讲清楚的事情打扰。

二、如果遇到紧急情况而不能去上班，要第一时间与老板取得联系，如实汇报自己的情况，让对方做到心中有数，从而随时调整重心，不至于在工作中陷入被动。

三、在休假期间，要时刻保持手机信号通畅，让老板可以随时联络到你，以便及时处理一些无法预知的紧急事件。

四、不要随意编个借口就跑去找老板请假，更不要为了逃避工作或怕担责任而请假。那样不仅会让老板反感，还会影响你以及相关部门的工作进程，很有可能导致逾期不能完成。

在公司里，你时刻都处在一个合作的环境中。就算你的工作效率比别人高，耽误一两天似乎无关紧要，也不能随意请假。表面上看或许不会对进度产生太大影响，但你的缺席将会给其他同事带来不便，有可能打乱整体的计划，拖慢整体的步伐。

正所谓"没有规矩，不成方圆"，一家企业只有认真贯彻并切实执行合理的制度，才能获得成功的保障。通过请假这样的小事，老板可以分析出员工对工作的态度，看清楚谁在努力，谁在偷懒，谁在辛勤耕耘，谁在找寻借口。所以，我们千万别小看请假这件事，在尚未成为公司老板之前，切忌不要随意请假。否则，严重的后果只能自己承担。

4. 抱怨加班：哪些算是你的分内工作

每当被告知晚上要加班，办公室里都会一阵骚动，随后传出声声抱怨："下班时间应该由我们自由支配，加班就是侵权！""可不是，加班就必须给加班费，不然凭什么多干活？""给钱我也不加班，身体可是自己的。"……就算这些抱怨都有道理，但若是你希望得到老板赏识，被重用，被提拔，获得高薪，那么就必须改变这种观念！

不错，你的确没有义务去做超越自己职责范围的工作，可事实上，即便下了班，你仍然还是公司的员工。想要更快地迈向成功，你不妨选择主动地加班，以此来鞭策自己前进，尽快获得老板肯定，实现自己升职加薪的愿望。

在职场中，因为经常加班而怨声载道的人不在少数，但这就是客观现实。不管你是否接受，都改变不了它的存在。如果你想在公司中拥有一席之地，想得到老板的青睐，那么主动寻求加班就是个绝佳的机会。千万不要一听到加班就撇嘴，抱怨，借口连篇；更不要刚到下班时间就溜之大吉，整个人都没了踪影。要知道，这些看似无关紧要的小事，都将成为你日后能否晋升的重要参考。

薛凡阳毕业后，在一家外企刚刚工作了半年多，公司就被同行业中一个强劲的对手盯死了，陷入了困境。

在对方不停打压下，薛凡阳所在的公司不得不利用降价促销的方式来销售产品。可这样一来，原本丰厚的奖金大大减少了，而老板还在这时要求大家周末加班，希望所有员工齐心协力，帮助企业渡过难关。

"不仅要加班，还要克扣奖金？"大多数员工表示无法接受，薛凡阳的心里也很不舒服。看到大伙懒散的样子，他也曾想过就这么混下去。可是，扭头他又想起了李白的一句诗"众人皆醉我独醒"。于是，薛凡阳换了一个思路：既然加班已成必然，为什么自己不能做到"众人皆懒我独勤"呢？现在不仅是公司的关键时刻，也是员工脱颖而出，吸引老板注意的大好时机。尽管自己的空闲时间相对减少了，可对未来的前途却是大大有利。

所以，当大家纷纷拒绝加班的时候，薛凡阳却更加卖力了，经常几个人的工作一个人来做。虽然累得够呛，但仍然给公司创造了不少业绩。等到公司转危为安，薛凡阳自然而然得到了老板的赞赏，不仅晋升为经理助理，薪水也有了大幅度的上涨。在众人悔恨的抱怨声中，薛凡阳满意地笑了。

想要成功，除了努力完成自己分内的工作，我们还要主动加班，承担起一些自己分外的工作。只有这样，我们才能在职场上保持高昂的斗志，才能在工作中得到持续的锻炼，才能在众多竞争者中显露自己的才华。

所以，不要再为加班而眉头紧锁，抱怨不停了。如果实在找不到好方法，那么就多想想，主动完成分外工作将给你带来哪些好处，会对你日后的成功起到什么积极的作用。

首先，主动加班会为你营造出良好的声誉。这对于身陷职场的你来说，无疑是一笔巨大的财富。在你未来职业发展的道路上，将会起到关键的作用。

其次，主动加班能让你多一些学习与锻炼的机会，有助于提高你的能力。

最后，主动加班会帮你引来更多关注的目光，即使你在原来的岗位上默默无闻，如今也足以凸显你与众不同的表现。博得老板欣赏的同时，也让你获得了垂青。

俗话说："吃亏是福。"而主动加班，就是这样一种吃亏的表现。当你成为一家企业的员工时，所有的工作就都是分内的。公司就像你的家，只有把自己当做家的主人，你才会倍受重用。

事实上，你不是在为别人工作，而是在为自己工作。如果不能改变加班的大环境，那么就改变自己的观点，主动地去适应它吧。相信现在的付出，都会在不久的将来得到丰厚回报。

5. 勤奋是迈向成功的基础

懒惰的人常常抱怨："我为何没有能力让自己和家人拥有锦衣美食？"勤奋的人往往会想："虽然我没什么特别的才能，但至少我可以拼命干活，为自己和家人换来衣服和食物。"

很多人都习惯用薪水来衡量自己付出的劳动，认为一份薪水换一份努力是最公平合理的，双方都不会吃亏。甚至有人会把偷懒当做大便宜来捡，认为少干活也一样拿同样的薪水，自己赚翻了。其实，跟勤奋工作带给自己的机会相比，那一点薪水根本是微不足道的，起码是很有限的。

在古希腊，有一个叫德摩斯梯尼的人。在他成为演说家之前，他其实是一名口吃患者。

少年时期的德摩斯梯尼酷爱演讲。可是，由于口吃严重，每次登台演讲时，他都控制不了自己的声音，表达断断续续，咬字含糊不清，常常被对手击败，引来哄堂大笑。

然而，他没有气馁，而是选择了更加勤奋刻苦地练习。为了实现心中的理想，为了从事自己热爱的事业，为了克服弱点，战胜对手……德摩斯梯尼每天口含石子，面对大海进行朗诵。不管严冬还是盛夏，不管暴雨还是狂风，他都咬牙坚持着。这一坚持就是五十年。

　　德摩斯梯尼连爬山、跑步也不会停止演说，五十年如一日。勤劳的汗水终于灌溉出了成功的硕果，一个口吃的孩子竟然成为全希腊最有名气的演说家。

　　"天才来自勤奋"，如果我们也能拥有德摩斯梯尼那股勤奋、顽强的精神，世间还会有什么事办不成呢？

　　古罗马人有两座圣殿，一座是勤奋的圣殿，一座是荣誉的圣殿。他们在安排座位时有一个秩序，那就是必须经过前者，才能达到后者。寓意着勤奋是通往荣誉的必经之路，任何企图绕过勤奋去追逐荣誉的人，都会被拒之门外。

　　正所谓："天道酬勤，不劳何获？"

　　曾经有个小和尚向寺院里的大师请教："为什么我们念佛经时要敲打木鱼？"

　　大师回答："名为敲鱼，实为敲人。"

　　"那为什么不敲鸡呀，羊呀？偏偏敲鱼呢？"

　　大师笑着说："鱼儿乃是世间最勤奋的动物，整日睁着眼睛，还不停地四处游动。如此至勤的鱼儿也要时时敲打，更何况是懒惰成性的人呢？"

　　懒惰的确是个诱惑力很强的怪物，任何人的一生都会与这个怪物不期而遇：早上赖床不想起，起来什么事也不想干；能拖到明天的事今天不做，能推给别人的事自己不做；不懂的事不想懂，不会做的事不想做……许多原本可以完成的工作，都因为我们的懒惰和拖延，错过了最佳时机。寺院里大师提到的敲打，与我们熟悉的鞭策有异曲同工之用。

　　今天，随着生活节奏逐渐加快，我们必须抓紧时间行动起来，克服懒惰的恶习，不断鞭策自己，努力勤奋地工作，实现自己的目标。

　　勤奋是一所高贵的学校，每一个希望有所成就的人都必须在这里拿到毕业证书，才能在今后的职业生涯中干出一番事业。如果你是一个勤劳、刻苦、勇敢、坚强的员工，懂得勤能补拙的道理，那么你就会像企业中的蜜蜂一样，不停震动翅膀：采的花越多，酿的蜜也越多，你享受到的甘甜自然最多。

亚历山大·汉密尔顿曾经说过："人们觉得我的成功是因为天赋，但据我所知，所谓的天赋不过就是勤奋工作而已。"没有哪个时代的人像今天的我们这样渴望成功，但在这无限渴望的背后，我们是否真正俯下身子勤奋努力地付出了呢？

想要在这个充满诱惑的时代成功，我们就必须抑制自己的浮躁情绪，通过勤奋获取财富，依靠勤奋实现理想，凭借勤奋拥抱成功。行动和坚持无疑是对勤奋最好的注释，你要像开山的石匠那样，为了劈开石头一次次地挥舞铁锤。也许前面 100 次用力的锤打都看不到明显结果，但只要你不放弃，继续挥舞锤打，没准下一击，再下一击，石头就会裂成两半。成功的那一刻，正是源于你前面那 100 次勤奋锤打，不停挥舞的结果。

无论是为了加薪也好，为了提升也罢，只要你想取得更好、更大的成就，都离不开勤奋。如果你是个有志向的人，不妨每天在心里重复地问自己："我今天勤奋了吗？"

6. 闭上抱怨的嘴，迈出实干的腿

一家企业的主管在挑选重要职位的人才时，往往会首先考虑一些问题，例如："他会不会立刻行动起来？""他能不能坚持到底把事情做完？""他可不可以独当一面，自己解决困难？""他是不是有始无终，只说不做的那种人？"待这些问题完毕之后，主管才会下结论是否聘用。不难看出，这些问题都有一个共同的目的，那就是设法了解对方是不是能做到马上行动。

西方有句谚语："与其诅咒黑暗，不如点亮蜡烛。"是的，抱怨并不能从根本上解决问题，反而会把事情弄得更糟。只有行动起来，迈出实干的腿，才能彻底解决问题。

然而，有些人的确善于抱怨。尽管他们能将工作中的不利因素观察得异常透彻，罗列得整整齐齐，却始终无法把工作做好。如果他们能将用在抱怨上的时间和精力投入到工作中，那么无法想象，他们会取得怎样的成就。行动永远比抱怨有效，毕竟抱怨人人都会，而行动家却不多见。

苏联著名的军事家朱可夫元帅就是少说多做的典范，他有句名言："再怎么解释，鞋子也不会亮起来！"

1928 年，朱可夫在担任苏俄骑兵第 39 团团长期间，对各项要求都是一丝不苟的。

有一次，团队进行仪容检查。朱可夫对整个连队的仪容很满意，只是觉得有一个士兵的皮鞋不够亮。

于是，他请连长出列，站在那个士兵对面，问道："你觉得他的皮鞋怎么样？"连长没有回答，而是转身去责备士兵为什么没有擦皮鞋。朱可夫打断了他的话："我问的是你，而不是他；我感兴趣的不是你所说的，而是你所做的。再怎么解释，鞋子也不会亮起来！"

连长很难为情，一时之间不知道该说什么好。朱可夫将口气缓和了下来，说："重要的不是皮鞋没有擦，而是你没有注意到。士兵或许是由于疏忽，而你不应该忽略，仔细检查把好关是对你的要求。现在的问题是，除了团长，就没有人帮助他擦鞋。"

朱可夫命令副官拿来小凳和擦鞋工具，然后俯下身一丝不苟地帮那个士兵擦起鞋来，直到油光可鉴为止。

这件事在部队一度成为笑谈，引发了很多争论。但有一点是可以肯定的，朱可夫元帅"以行代言"的举动，赢得了所有人的认可和尊敬。从此以后，不仅士兵们擦皮鞋的劲头足了，而且整个军队的面貌也都焕然一新。

人们常说："行动是无声的命令。"正如朱可夫元帅亲自动手为士兵擦鞋，看上去的确是件小事，但小事反映出的却是他作为领导对全军军容军纪的重视。从小事着手，锻造士兵的顽强作风，打造出一支英勇善战的队伍。用身体力行来代替口头说教，这种身先士卒、以身作则的方法，便是朱可夫元帅治军的有力手段。

要知道，每当你抱怨的时候，除了令自己心情郁闷，也会让其他人感到不舒服。如果不能得到有效的落实，任何一个好的提议或方案也只能是"水中月"，"镜中花"。既然这样，为何不闭上抱怨的嘴，行动起来，从这一刻开始为解决问题而奔走呢？

205

在美国大都市保险公司的新员工大会上，董事长命令所有新员工起立，看看自己的座位下面有什么。结果，每位新员工都在自己的座位下发现了一张钞票。

看到大家一脸的迷惑，董事长继续说道："这就是你们成为大都市一员的第一课：如果坐着不动，就永远别想赚钱！坐着空谈绝不是大都市的风格！我现在宣布，会议结束！你们马上行动，去寻找客户。"

董事长的意思非常清晰：一个人想要获得财富，决不能靠开会空谈，而一定要行动起来，业绩只会在行动中创造！

任何企业都宁愿拥有一只像老鹰那样低调谦虚却总是能出色完成任务的员工，也不愿意拥有许多只如鸭子一般，只会蹲坐着磨嘴皮子，却总也不知道付出行动的员工。同样的道理，在生活中，我们也比较容易信赖和喜爱那些踏实谦逊的实干派，而不是那些唠唠叨叨纸上谈兵的空想家。

如果你一直在考虑而不去行动的话，那么根本不可能成就任何事。在这个世界上，大到一颗人造卫星，小到一根牙签，都是人类通过将一个个想法付诸实践后所得到的结果。迈开脚步去做虽然不一定能成就什么，但如果你什么都不做，岂不是连取得成就的可能性都没有？

克服抱怨最简单、最直接、最有效的方法，就是让自己立刻行动起来。其实，我们中间的很多人既不缺乏能力，也不缺乏创造力，而是缺乏行动力。所以，如果你想成就自己卓越的人生，就抓紧时间做一只善于行动的老鹰吧。

7. 早起的"鸟儿"有虫吃

每个清晨，我们都不难看到如下场景：疯狂地追赶公交车，刚出地铁便一路小跑，焦急地边等电梯边看表……每当这一幕出现，相信很多晨练或逛早市的大爷大妈们就会感叹："原来现在职场人日复一日的辛劳就是为了上班不迟到啊！"

"我已经尽力了，早上按时起床对我来说实在太困难，真听不见闹钟响！""昨晚上赶图纸到凌晨三点半，今天早上眼睛都睁不开，才迟到十分钟而已。""这上班时间规定得也太早了，要是错后一小时，我保证。"……平均每周要迟到三次以上被同事戏称为迟到大王的你又开始抱怨了。不错，迟到并不意味着你不热爱自己的工作，但不管出于什么原因，迟到都已经成为铁一般的事实。如果你将这个事实不断重复地上演，必然会影响到你在老板以及同事心目中的形象。

经常迟到的人，总能为自己的行为摆出各种理由，比如堵车、闹钟罢工、遗忘重要物品、睡眠不足等。说穿了，真正的理由只有一个，就是已经习惯了。

迟到绝对是一种惯性，外力无法阻挡，连迟到者本人也控制不了。在我们的日常生活中，爱迟到的人，往往并不仅限于清晨一路狂奔只为打卡，甚至连周末看一场电影、约朋友逛街以及赶火车飞机，都不可避免地会比一般人到得迟。爱迟到的人，通常很难理解为什么要提前半小时赶到约会地点无所事事地溜达，并视为是浪费时间，而自己却极少做到提前五分钟出现。

每天早晨起床对于林希文来说都是一件困难的事，由于经常迟到，所以她的床头、床尾、电脑桌等地方摆着不下五个闹钟。可即便如此，她还是保持着每周三次的迟到纪录。

同事纷纷出主意：有的叫她把闹钟上早一点，提前 20 分钟起床；有的让她头天晚上整理好东西，第二天起床后赶紧出门，别磨磨蹭蹭；还有的干脆开玩笑让她在老板那里办一张"迟到月票"，每次都扣那么多钱，还不如一次打个折划算。其实，林希文自己也不想迟到，可是不知道怎么回事，就是起不来。

"我分别上了好几个闹钟呢！6：30 提醒我该起床了；6：45 提醒我这个时候起床还来得及；7：00 意味着我必须马上出门；7：15 我要一路狂奔到地铁站，出地铁打车，还要保证不堵车的情况下才能不迟到……如果不小心睡过头了，那就只能眼睁睁地看着自己迟到了。"林希文委屈地说，"有时候，我也想早到单位给大家一个惊喜。可就算早早起来，也总是到差不多的点才出门，所以结果还是迟到。"

我们的一生谁都避免不了迟到，无论是上学、上班、约会还是赶车赶船，倘若只是偶尔有那么一两次，因为临时有事或者遇到突发事件耽搁了，绝对是可以原谅的。但倘若像家常便饭一样重复不断地发生，多到连你自己都找不到理由，恐怕就要去拜访心理医生，检查一下是不是患了强迫症。

强迫症在上班族群里很普遍，比如：在上班出门之前要反复地照镜子，看衬衣是否抻平、发型是否整齐；反复检查电源、煤气和窗户是否都已关闭；反复收拾自己的包，看看有没有遗漏，等等。所以，即便是提前起了床，由于增加了检查的次数，也会导致出门时间的延后。这类强迫症患者不善于运用统筹方法，喜欢为自己设定程序，只有当 1 号程序彻底完成，才会踏踏实实地去进行 2 号程序。于是，时间就这么白白浪费了。

另外，还有一种比较容易迟到的人，经常给自己预设一条时间底线，也就是说看着表出门。假如心中预设的时间底线是 7 点半，那么就算在 7：00 完成所有准备工作，他们也不会踏出家门一步，而是会执着地等到 7 点半，一旦路上发生任何意外状况，迟到也就在所难免了。

也有经济学者曾经分析，所有爱迟到的人，往往都遵循个人收益最大化的原则。简单来说：如果你贪睡了 20 分钟而结果却没有迟到，那么你就赚到了 20 分钟的睡眠收益。但那仅仅是一种假设，如果因为贪睡 20 分钟导致迟到，那么你的损失将会远远大于 20 分钟的睡眠收益，不仅会失去老板对自己的信心，也会损害同事对自己的印象。久而久之，大家便会以你缺乏时间观念、没有责任感、不可靠，等等为由，将你孤立，使你丧失工作的激情，想要出人头地就更难了。

相信所有经常性迟到的人，都迫切希望改变自己这一恶习，只是习惯都是靠日积月累而形成了，想要一下子改变确实不容易。所以，我们必须做好打持久战的准备，从一点一滴做起。要说最重要的，莫过于内心渴望，如果你真的发自内心想要甩掉迟到这个包袱，在职场上更轻松地奋斗，那么起码已经成功了一半。

不要忘记蕴藏在儿歌中的真理：早起的鸟儿有虫吃。为了能多吃到一点新鲜美味的小虫，我们这些在职场扑棱的鸟儿，是不是应该早点起床呢？

8. 换个角度，加班也可以乐在其中

工作中，加班是不可避免的，有时为了赶一个项目或方案，甚至还会连续地加班熬通宵。对你来说，加班是否也如吃饭睡觉一样平常？而你是否会因为加班而抱怨不止，心情烦躁，以至于出现一些不正常的反应呢？

其实，我们完全可以换一个角度来重新审视加班，或许它并不像我们之前体会的那么痛苦不堪，也没有我们想象的那么凄惨。只要我们愿意以乐观的心态来看待加班，也可以乐在其中。

张钰在一家建筑公司做设计，由于工作性质不稳，最忙的时候，曾经连着一周都没回家吃过晚饭，通宵一宿后第二天还要继续工作。她跟几个同事常常开玩笑，说自己上班的时候只有 24 小时便利店开着，而下班的时候也只有 24 小时便利店还开着。所以，自己与逛街购物，娱乐休闲无缘。

要是放在一般人身上，估计早就受不了了。可张钰才不是一般人，不仅完全不抱怨加班，还跟同事们想出了很多善待自己的方法，让加班的时光变成一种享受。

加班的夜晚通常都是枯燥、无聊、痛苦的，工作重要，身体也同样重要。每次加班，张钰都会事先订好餐，保证大家在不饿坏肚子的前提下完成工作，毕竟身体是革命的本钱嘛。吃完晚饭并不会马上投入工作，而是几个人凑在一起开开玩笑，听听流行歌曲或者抒情音乐，放松一下紧绷了一天的神经。夜里感到自己撑不下去的时候，大家就会轮流说笑话、放带点儿有劲头的摇滚乐，或到茶水间来点冰咖啡和冻可乐……痛并快乐着地度过加班的时光。

"我们一直就是这样自娱自乐，因为只有加班的时候老板才不在，大家自然比平时多了些活力。"张钰笑着对姐妹说，"不要抱怨加班，那样会在你心里植入一种负面情绪，加重你的烦躁感，使你看什么都不顺眼。其实，加班很平常，重要就是保重身体，保证营养，保持心情。"

有班可以加，总比在家没钱拿要好得多吧！看看身边那些为下一顿饭发愁的下岗职工，还有那些成天不务正业、在家啃老的年轻人，你还

第三部分 疲劳不抱怨

能有得忙，难道不是一件好事吗？最起码，这表示你还有一份可以养活自己的工作，不是吗？

这年头，工作繁忙真可以算得上是人生最大的安慰了。当人才市场化，岗位竞争化陆续占据整个职场，我们不仅对物质生活有要求，对精神世界也同样有很高的要求。不知道有多少人将工作的苦累当做自己精神的寄托。其实，在忙碌过后，我们得到的不仅仅是一种精神上的寄托，更是一种心灵经历了无情市场的折磨，情感浪潮的拍打后，所收获的满足。

与其在愤愤不平的情绪中抱怨加班，倒不如运用心中的法宝，在加班的缝隙中寻找快乐。不妨为自己泡一杯清茶，放一首自己喜欢的轻音乐，将自己置身于一种幽静恬淡的氛围里，松弛地闭上眼睛，闻着面前飘来的丝丝茶香……在这样的环境中加班，心情不会压抑，工作质量和效率也会有所提高，或许你会爱上工作，爱上加班的生活。

陈迪克在一家日企工作，对他来说，加班就等于出差，一走就是两个星期。朋友看他这么拼命，认为加班费一定不少。可是，陈迪克却透露，自己是在用私人时间免费给老板打工。

"没办法，如今竞争这么激烈，你不干后面还有人排着队想干呢！"陈迪克无奈地说，"这出差加班真是愁人，搭上休息日补不了先不说，中间这两个礼拜都回不了家呀！"

说是这样说，可实际上为了保住饭碗，每逢加班陈迪克都会和同事们咬牙坚持着。在外面忙了一整天，晚上回宾馆也只是给家里打个电话，身体上的疲惫加上精神上的空虚，让他感到又累又无聊。

一次偶然的机会，陈迪克在网上遇到一个老同学，让他兴奋的是两人恰巧在同一个城市。于是，他们立即约地方见了面，把酒言欢了一番。要知道，平日里大家都很忙，想聚会都抽不出时间。这下可好，倒是在异地出差的时候碰见了。这次经历除了让陈迪克意外之余，还带给他一次愉快的出差经历。

往后的日子里，陈迪克找到了快乐出差加班的秘籍。每次出发之前，他都会在校友录或是 MSN 上发个消息，告诉大家自己即将要去的地方。如果运气好的话，就会与平时联系甚少的哥们儿同路，两人甚至可以一起订机票和酒店。到了那边，白天各干各的活，晚上碰头喝酒聊天，仿佛又回到了无忧无虑的大学时代。而最重要的是，从前平淡乏味的工作变成了一种盼头，这让陈迪克对自己的工作更上心了，办起事来也更加勤奋。

生活在这个每时每刻都有人失去工作的城市里，加班似乎变成了一种求之不得的快乐。如果你没有亲身体会过下岗的滋味，那么你可能不容易理解求之不得的含义。当你不再为工作所累，不再需要没完没了地加班时，就会开始抱怨日子太闲，自己太无所事事。那种感觉就像正在吃奶的婴儿，突然被夺走了衔在嘴里的奶瓶一样，由于惯性动作和心理需要在瞬间被迫停止，从而产生了巨大的痛苦，相信滋味更不好受。

所以，如果你仍然幸福地坚守在自己的工作岗位上，那么请务必珍惜你所拥有的忙碌和充实。不要抱怨加班有多苦有多累，而是要换一个角度来看待加班，学会在苦中作乐，在累中体味生活。能不能从加班中体验快乐，有时候并不取决于你是否喜欢自己的工作，而是取决于你的心态。

人生可以不顺心，但不可以不快乐！社会竞争如此激烈，我们要始终坚信，只要做到，就会有人看到。快乐是一种积极的态度，拥有了这种态度，我们才能以享受的心情去面对天气的阴晴雨雪，面对人生的悲欢离合，小小的加班又算得了什么呢？